江西理工大学清江学术文库
国家自然科学基金项目　　　资助
江西自然科学基金项目

基于遥感的地震带温度场时空特征挖掘与分析

刘德儿　杨　鹏　陈小鸿　著

北　京
冶金工业出版社
2021

内 容 提 要

本书从全球变化科学认知出发，利用严密的数理逻辑与系统科学理论，对地震多发区长时间序列地表温度场数据进行深入研究，提出了一种基于遥感数据的多种数理统计模型融合的地表温度场异常特征的深度挖掘及分析方法，实现了对时序温度场数据与该地区地震频次相关的整体性、完备性、联系性及可认知性的分析及验证，使之通过对温度场的挖掘与分析，让人们能够在复杂的系统科学中获得更为有效的信息，同时，该模式及处理框架在更多有效数据的支持下，还可以继续改进及推广。

本书可供高等院校地理信息专业的师生阅读，也可供相关专业的工程技术人员参考。

图书在版编目 (CIP) 数据

基于遥感的地震带温度场时空特征挖掘与分析/刘德儿，杨鹏，陈小鸿著 . —北京：冶金工业出版社，2021.10

ISBN 978-7-5024-8941-0

Ⅰ.①基…　Ⅱ.①刘…　②杨…　③陈…　Ⅲ.①遥感技术—应用—地震带—温度场—数据采集　②遥感技术—应用—地震带—温度场—数据处理　Ⅳ.①P315.7-39

中国版本图书馆 CIP 数据核字（2021）第 197622 号

出 版 人　苏长永
地　　址　北京市东城区嵩祝院北巷39号　邮编　100009　电话　（010）64027926
网　　址　www.cnmip.com.cn　电子信箱　yjcbs@cnmip.com.cn
责任编辑　郭冬艳　美术编辑　吕欣童　版式设计　郑小利
责任校对　梅雨晴　责任印制　禹　蕊
ISBN 978-7-5024-8941-0
冶金工业出版社出版发行；各地新华书店经销；北京建宏印刷有限公司印刷
2021年10月第1版，2021年10月第1次印刷
710mm×1000mm　1/16；8 印张；155 千字；118 页
66.00 元
冶金工业出版社　投稿电话　（010）64027932　投稿信箱　tougao@cnmip.com.cn
冶金工业出版社营销中心　电话　（010）64044283　传真　（010）64027893
冶金工业出版社天猫旗舰店　yjgycbs.tmall.com
（本书如有印装质量问题，本社营销中心负责退换）

前　言

热红外遥感对研究全球能量变化和可持续发展具有极其重要的意义，关于热红外遥感技术的研究，目前已经有了较为完善的基础体系以及应用前景，国内外众多专家都在为其奋斗不止。热红外遥感在不同领域都有很广泛的研究，诸如：陆地表面、海洋表面等不同类型下垫面的研究更为细致和深入（例如：将热红外遥感应用于地震预报、热红外异常、农业遥感、地理信息系统以及地表温度等多个方面）。

地表温度是地球生命系统与大气循环系统中的重要参量，结合全天候、全时候、大范围的热红外遥感技术等重要手段，可实时表征地球表面的热状态信息，也能为城市热岛效应、海洋温度变化、农业生态、自然灾害以及全球变暖等问题提供必要的基础研究数据，同时，还可以根据相关研究结果做出相应对策。目前，国内外众多专家学者在对地表热红外异常的研究中表明了地震发生区与其地表热红外异常有较高的相关性，同时，也表示以热红外遥感数据分析地震是较为有意义的探索性研究。因此，本书从 MODIS 数据的地表温度反演出发，经过数据预处理、温度反演及结果分析，获取研究区的时序地表温度场数据，并在此数据的基础上，从统计描述和场描述两方面深层次地挖掘和利用时序温度场数据，并据此分析特征值数据集与地震发生的相关性，讨论了地震前后温度场的变化情况。

由于震前地表温度场异常特征的快速捕捉对地震预报有重要参考价值，传统的地表异常特征挖掘往往需要投入大量的人力物力才能完成，作者希望从空间遥感相关分析、时间自相关分析、高阶张量分析等方面共同分析该复杂的科学系统，并挖掘出有意义的物理量，所以，本书提出了一种基于遥感数据的多种数理统计模型融合的地表温度场异常特征深度挖掘及分析方法。该方法综合利用了高时间分辨率的遥感数据、高光谱分辨率的特征信息以及逻辑严密的数理统计模型。

本书以位于我国西部喜马拉雅地震带的青藏高原地区为主要研究区域，研究了其近10年的时序温度场的时空特征值与地震频次空间分布之间的关系，并以该研究区内的单次典型地震为个体分析案例，重点研究了劈窗反演时序地表温度场、时序温度场特征值选取分析、温度场扩散模型以及时间延迟效应等关键科学问题。

本书在编写过程中着重突出以下主要的研究内容及结论：

（1）研究思路的确定及反演时序温度场的基础认知。通过分析国内外专家学者在热红外遥感与地震之间的研究方法及成果，梳理出了一条具有可行性、可用性的研究思路，并确定了实现该研究思路严密的数学基础方法。同时，基于改进的劈窗算法，对 MODIS 数据进行了温度反演，得到了接近真实的时序地表温度场。

（2）对时序温度场数据进行了挖掘和分析。基于张量运算与统计信号系统处理方法，挖掘出时序温度场中具有一定物理意义的时空特征值，并分析了特征值与地震之间的相关性，进一步求解了温度场二阶微分扩散方程，判断其是否出现异常热源场，验证其是否具备地震预测能力。

（3）探究分析了青藏高原地区近10年的时序温度场时空特征变化。基于 MODIS 数据及相关辅助性数据，反演了持续10年的青藏高原地区的地表温度场数据，并分析了该地区的地震频次在年份、月份以及经纬度上的分布情况。结果表明：地震在空间上的分布差距明显，主要集中在青藏高原的西部、西北部的新疆边缘一带以及东部、东南

部的云贵川一带；在年时间尺度方面表现不大，每年12000次左右的地
震频次，尤其是大型地震的频次，主要分布在春末夏初以及夏末秋初
的热信息交换较大的时刻。在对温度场特征值的分析中，实验结果表
明：时序统计特征值的周期性变化、温度场扩散模型中的特征变量梯
度模、拉普拉斯算子以及旋度模的聚集性对异常现象的响应十分显著，
即证明了地震发生的聚集性与这些特征值之间存在一定联系。

　　（4）探究分析了九寨沟7.0级典型的单次地震区的时序温度场变
化。在劈窗算法的基础上，反演了该地区的时序地表温度场，同时挖
掘了该数据中的时空特征序列，并且还建立了多元线性回归、优化神
经网络以及优化SVM等预测模型，将具有异常特征的数据作为模型的
输入训练集样本，以当前区域内发生的地震等级为输出训练集，建立
了特征值与地震等级的内在关联。该实验结果表明：地震发生前1~2
个月内，震区内的平均温度、温度场信息熵及梯度等都具有明显的震
荡特征，这些特征值在地震预测中具有重要意义，且多元线性回归模
型的预测结果表明温度场特征值和震级存在关联性；同时，对中短期
的地震预测，使用优化的神经网络和SVM算法对温度场特征值进行分
析，在一定程度上能够提高地震预报精度，其中SVM预测模型在地震
预测中效果明显优于其他方法。

　　同时，本书主要在以下几个方面做出了一定的创新性研究：

　　（1）重点研究了劈窗反演时序地表温度场，优化温度反演代码，
在考虑有限计算资源配置的基础上，劈窗算法的综合性能是极其优越
的，其包含算法精度、算法复杂度及运行效率等，同时还可以在时序
温度反演时，对其构建并行结构；

　　（2）重点研究地表温度场数据的深层次利用，以时序地表温度场
为基础，挖掘并选取具有强物理意义的特征值用于后文分析；

（3）重点研究温度场扩散模型以及时间延迟效应等关键科学问题，基于微分扩散方程的深入利用以及格兰杰遥感相关检验等手段突破该研究中的难点；

（4）融合分析时序地表温度场数据与研究区地震分布的关系，再加入相关辅助数据作为约束条件。

本书第一作者刘德儿任职于江西理工大学，从事地理信息与遥感应用研究；本书第二作者杨鹏任职于中科卫星应用德清研究院，从事遥感应用研究；本书第三作者陈小鸿任职于福建经纬测绘信息有限公司，从事遥感应用研究。

由于作者水平所限，书中不妥之处，诚望读者批评指正。

作　者
2020 年 12 月

目　　录

1 绪 论

<<<<<<<<<<<<<<<<<<<<<<<<<<<<<<<<<<<<<<<<<<<<<<<<<<<<<<<<<<<<<<<<

　　20 世纪 80 年代，自然科学家将"全球变化"用于表述由于自然和人为因素而造成的全球尺度上的地球系统变化，其中主要包括全球气候变化、全球环境变化等方面。在全球变化的研究中，其驱动力是极为复杂的，主要包含地球系统的外部因素、内部因素、人文因素以及地球系统和地球子系统之间的相互作用等，致使全球变化的研究异常艰难。郭华东院士在其《全球变化科学卫星》一书中，全面论述了全球变化空间观测的发展、现状以及趋势，并提出了非常重要的全球变化敏感因子、全球变化科学卫星的概念以及科学内涵。

　　目前，在对具有大尺度长周期的时空演变特性的全球变化研究中，全球对地观测卫星是研究全球变化科学的一把利刃，且现在全球对地观测卫星的数量已经超过 200 颗了，在人类面临全球变化带来的巨大挑战面前，人类科学也在奋起拼搏。

　　本书受到该书的影响，期望在全球变化方面付出自己微薄的力量。国家地震局地球物理研究所的邹其嘉在中国地球物理学会第八届学术年会上指出，地球从形成之日起，就不断地经受着不同空间和时间尺度的变化。在 38 亿年的历史进程中，地球的气候受到自然因素的影响有过重大变化，诸如太阳辐射强度的变化、地球运动轨道的变化等驱动因素与地球内部的大量活动有着极其密切的关系，随着今年来人口的剧烈增加，这种关系受到极大的干扰，使得这种关系越来越难于琢磨和处理。

　　从本质上讲，地球上的地震是地球物理环境变化的直接结果，并且，在 21 世纪初，如地震这样神秘莫测的危机挑战依然没有获得一个精准可控、可预测的解决方案。在地球系统的空间表现上，地震的震源大多数在地震带附近区域，其震源深度也在地下数公里处。在时间表现上，孕育地震的过程中，受到了诸多不同时间尺度因素的影响，这种影响是极为不可控的。

　　地球系统与地球子系统的相互作用使得地球板块挤压断裂，导致地球物理环境的变化，其中对人类生活威胁最大的莫过于地震。地震出现的时间以及级别的不确定性，就如同固体力学分支中的断裂力学中所描述的"金属疲劳"类似。经典的 Griffith 微裂纹理论表明：断裂发生的本质是材料中存在的细小的裂纹或缺陷的数量、姿态以及分布等，在外力的作用下发生应力集中现象，从而导致裂纹扩展。同时，在低应力循环运作环境中，当裂纹从萌生到稳定增长以及扩展失稳，即会出现疲劳断裂，且在断裂前均不会发生塑性变形及有型预兆。固体力学固然能够解释一些物理现象，但其计算体系依然有所理想化。因此，就需要以广义系统科学为骨架基础、以全球变化卫星数据为血肉，以求得认知复杂系统的同时追寻复杂系统的一般机理与演化规律。

1.1 研究背景与意义

我国属于一个地震多发国家，1900 年至今，6 级以上地震的总次数超过 100 余次，其中近十年间发生了多次高强度地震，如：2008 年汶川发生 8.0 级大地震，2013 年玉树发生 7.1 级大地震以及 2017 年九寨沟发生 7.0 级大地震。如此高震级的地震不仅带给国家巨大的经济损失，更带来了惨重的人员伤亡，这使得快速、准确的地震预报变得更为紧迫。在新时代中国的科技发展中，这也将提醒新一代科研人员必须充分发挥新的思维去探索地震灾害的先兆探测和地点预测。

自人类进入 21 世纪以来，科技飞速发展，但人们对地震灾害的准确预报能力仍然非常有限。传统的地震研究主要是通过监测台网对地震区域的应力与应变进行监测和分析，截至目前，中国地震台网台站总数多达 2000 余个，已经具备良好的地震监测能力，但预测能力有待加强。监测台站不仅需要耗费大量人力物力进行建设和维护，而且难以实现全国范围的全面覆盖。同时，台站的主要目的是收集地震波信号并进行地震监测，在先兆的探测和研究中具有一定局限性。地震预报的基础是先兆的探测，不同的地震具有不同的先兆，例如地表温度、电离层及磁场变化等。

温度这个概念是现实中最为重要的物理量之一，也是热力学中最有代表性的一个物理量。众所周知，宏观物体是由大量微小的原子和分子组成的，且一切物质的分子都在永不停息的做布朗运动。同时，大量分子的运动遵循统计平均规律，分子平均动能的宏观表现就是温度，它能表示物体冷热程度。然而，地表温度则是地球生命系统与大气循环系统的重要参量，可通过遥感、仿真等技术表征出地球表面的热状态信息。基于深加工后的地表热状态遥感信息，可为城市热岛效应、海洋温度变化、农业生态、自然灾害以及全球变暖等提供必要的研究基础，并通过研究成果做出相应决策。

遥感技术的优势非常适合探测地震多发区地表温度变化，并且对地表温度的精确反演会推动灾害预测和全球气候气象变化方面的研究。对地探测的热红外传感器接收的能量主要源于地表辐射，因此利用热红外遥感可探测地表大区域温度场，能够及时获取相关区域的热辐射信息。由于红外波段的分辨率较低，且提高传感器的分辨率精度的成本极高，因此在将热辐射信息转变为地表温度信息时，必须从信息传播的路径入手，选择大气衰减较少的大气窗口，并消除程辐射中的各种误差，即得到精确的地表温度。毛克彪、覃志豪等人在地表温度反演算法中进行了大量的研究，尤其是基于多通道的劈窗算法能够有效地反演单点温度误差小于 1K 的地表温度。因此，本书初步选用劈窗算法，基于多时相 MODIS 数据，进行地表温度反演，以期获得长时间序列的地表温度场数据，再以此为基础更近一步对温度场数据进行挖掘。

目前，国内外对于震前地表温度场的研究已取得一定成果，Gorny 等人研究发现中南亚地区地震前的热红外影像均出现异常，且温度异常与断裂构造的活动有关。美国国家环境预测中心通过对伊朗 2004 年地震的研究分析得出：短时间内地表增温异常的时空变化主要与地震构造活动有关，由于阿拉伯板块向北移动挤压其他板块，导致板块断裂，从而引发地表温度增高。Tronin 等人利用 10000 景 NOAA 卫星热红外影像对中亚地震活动带进行研究，结果表明：热红外异常的活动性与中亚地震活动带之间具有统计上的相关性。由此可知，获得断裂构造带的活跃程度与热红外异常的联系对于提高地震预报精度具有重要价值。此外，我国的一些学者对此进行了深入研究，强祖基等人发现中强地震前 1~3 个月的震中地区会出现短暂的热红外升温异常，且升温区域可能出现几万平方千米至上百万平方千米的面积且累计升温 2~10℃，且这种异常沿断裂构造带向四周展布，在多组地震断裂带交汇区更为显著；徐秀登等人对我国地震震前的卫星热红外图像进行分析得出：与地震相关的热红外异常具有持续性，且异常幅度一般呈正相关，中等级震级的温度异常区域面积与地震等级呈一定正相关，且温度异常多呈阶段性或多旋回性。然而，马俊飞等人使用遥感数据探讨山东省地表温度变化与地震活动的关系并计算地表温度变异系数，结果表明：地震活动较强区域地表温度变化幅度与普遍性均高于其他地区。钟美娇等人研究发现震前地表温度并不是单一升温过程，升降均有可能，表现出的是多种因素综合作用的结果。综上所述，利用热红外遥感直接探测地震多发区地表温度异常有一定的不确定性，需要利用严密的数学法则，结合近现代数学物理方法与信息科学技术等系统科学工具，建立一种能够有效表征地表温度异常的特征值，并将该值作为热红外数据在地震预测上的有效利用数据。

随着科学技术的进步，时代的不断发展，在目前众所周知的科技范畴中，能高时效、高精度获取区域或全球地表温度的最有效手段就是遥感技术。遥感技术具有非接触性、全天候、全时候、全地形、大面积等特性，且能快速进行图像处理和评估，对突发性灾害具有快速的反应能力。本书基于多时相 MODIS 数据分析温度场异常信息，探究地震多发区地表温度场的时空异常，建立温度场特征值与地震的关联，并结合地震大数据和非同源数据源的分析进行地震灾害的先兆检测，为相关单位提供决策意见，以减少地震灾害中的人身财产损失。

1.2 国内外研究进展

1.2.1 热红外遥感与地震研究

在热红外与地震的研究中,诸如强祖基、徐秀登、马俊飞、张元生、覃志豪、毛克彪等众多国内优秀科学家们以及 Grony、Tronin、Arun K. Saraf 等国外优秀科研人员,奉献了自己众多的时间以及巨大的精力,尤其是在"关于震前地表温度场的研究"方面做出了重大的贡献,使得现在的研究者犹如站在巨人的肩膀上瞭望世界一样,可以在前人的基础之上看得更高更远。

要了解热红外遥感与地震目前的研究进展,可以先从目前 CNKI 中能够检索到的相关书籍进行分析,本书以"热红外遥感"为关键词,搜索到超过 400 篇的相关文献,然后,再基于以 CiteSpace 生成关键词图谱并分析文献中的共性以及研究方向,生成的图谱如图 1-1 所示。其中 CiteSpace 主要以诸如 Web of Science、CNKI、CSSCI 等的检索目录以及引文数据为引,将文献中关键点的变化趋势以可视化模式呈现。

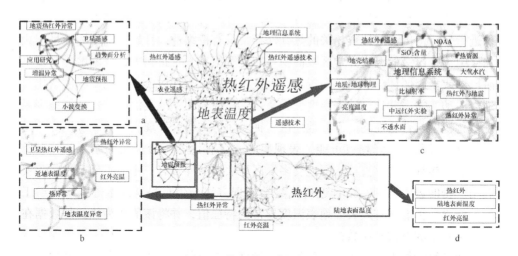

图 1-1 热红外遥感文献分析

图 1-1a 为热红外遥感中目前关于地震预报一块的关系图谱,图 1-1b 为热红外遥感中关于热红外异常一块的关系图谱,图 1-1c 为热红外遥感中目前关于地表温度一块的关系图谱。明显可以从图 1-1 中看出,热红外遥感技术的发展与研究已经有了较为完善的基础体系以及应用前景,但相比较而言,关于热红外亮温及地表温度异常的相关研究,国内学者的研究更加深入,尤其将热红外遥感应用在地震预报、热红外遥感技术、热红外异常、农业遥感、地理信息系统以及地表

温度等多个方面。从图1-1中可以看出，地震预报以及热红外异常的研究方向源自对地表温度的研究，尤其是热红外异常是利用热红外遥感数据研究地震的一种重要的标志，并在地震热红外异常、临震预报、地震监测等方面已有一定的研究基础，同时，现有研究结果也表明研究热红外遥感与地震这个方向是可行且有效果的，但是正如上文分析出的结果一样，目前由于热红外遥感所探测的地表温度是一个极其复杂的系统科学问题，需要结合近现代数学物理方法及信息科学技术等多种系统科学工具，建立一种更有效、快捷、敏感性低的地表温度异常的本征特征值，并能真正与实际情况接轨。

1.2.2 地表温度反演研究

在地表温度反演的研究中，必须要理解3个重要的名词—真实温度、辐射温度和亮度温度。真实温度是指物质内部分子的平均动能，但由于热力学熵增定律，使得该值难于测量准确。辐射温度是指物体的辐射能量，其辐射通量密度能被大多数热红外遥感传感器探测和记录。结合斯特藩-玻耳兹曼定律分析可知，物体的辐射温度总是小于它的真实温度，同时，如果地物的发射率是未知的，则其真实温度也无法估算。亮度温度是指某一地物的出射度与一特定黑体的出射度相同时，该黑体的温度即为该地物的亮度温度，虽其数值与辐射温度相同，但有更严格的物理意义。

由于传感器接受的是地物发射的能量、记录的是辐射通量密度，只有在已知比辐射率的前提下，才能较为精确地进行地表温度反演。众多学者专家利用简化、近似、假设等手段分析处理大气传输方程，并提出了单通道法、多通道法、单通道多角度法、多通道多角度、昼夜温差法等反演方法。同时，由于热红外遥感的分辨率受到极大限制的原因，非同温混合像元的情况在目前的反演算法中还有所欠缺。

1.2.2.1 单通道地表温度反演

单通道算法是在大气窗口中利用单个热红外通道数据反演地表温度。Markham等人只对比辐射率的影响进行了修正，基于星上辐射强度直接计算反演地表温度，实际实验证明，当大气水汽含量较高时，该算法的误差可高达10K，难以满足定量遥感科学研究的需求精度。随着全球科学卫星技术的发展，需要获取更多有效的监测数据，Modtran等大气辐射传输模型软件也应运而生。Li等人利用大气传输模型软件模拟仿真大气透过率以及上下行辐射强度，在套用简化的大气辐射传输方程求解地表温度，所选通道在大气窗口内的 $10 \sim 13 \mu m$ 时，理论上，其反演精度 $0.4 \sim 1.5K$，但由于过于依赖大气剖面数据，在大区域地表温度反演时的实用性较差，且与卫星成像的时空不同，将会使得反演精度降低。

覃志豪等人于 2001 年提出了一种不依赖大气剖面数据、以大气水汽计算大气透过率的做法实现地表温度反演——Mono window 算法，该算法大大提高了反演的实用性，其反演精度约为 2K。Sobrino 等人于 2003 年提出了仅包含大气透过率以及上下行辐射 3 个参数的通用算法——Generalized single-channel algorithm，其实用性比 MW 更强，其反演精度约为 1K。Sobrino 等人在后续研究中指出，高水汽条件下拟合出的大气透过率以及上下行辐射度均有较大误差，因此，MW 和 GSC 算法仅在低大气水汽是有良好的反演精度。

因此，低大气水汽条件下，单通道算法也能反演出较好的地表温度，而要想在高大气水汽条件下获得较好的结果，必须更加精确的分析大气水汽与大气参数的非线性关系，以此来修正改善高大气水汽的影响，Cristobal、Munoz 以及覃志豪等人都在这方面有深入研究，比如：利用高次拟合，分段拟合，非线性拟合等方法处理水汽与透过率等的关系。

1.2.2.2 多通道地表温度反演

多通道法中最为常见的即是劈窗算法——Split window algorithm，该算法是利用 $10\sim13\mu m$ 的大气窗口内两个相邻通道对大气吸收作用的差异，通过两个通道的亮度温度的各种线性组合来消除大气影响，以达到更精确的地表温度反演。

劈窗算法起初应用于海面温度反演，由于水体近似黑体且大气与海面温度差异小等因素，因此海水温度反演仅需要消除大气效应即可，McMilin 等人于 1975 年最早提出该算法，建立了海面温度与亮度温度的线性关系，并实现了消除大气影响后的海面温度反演。然而，实际陆面的比辐射率非常复杂，尤其是在热红外影像的像元分辨率不高的前提下。Becker 等人基于 NOAA 数据对地表温度与亮度温度呈现线性关系进行了检验，实验印证了线性关系且方程系数由地表比辐射率决定，同时，在此研究基础上研究出局地劈窗算法——Local Split window algorithm。Sobrino 等人于 1991 年基于大气辐射传输方程的简化、近似和假设，研究出同时考虑大气水汽和比辐射率的经典劈窗算法，之后该团队于 1994 年再次简化劈窗算法的系数，消除参数之间的耦合性，研究出更为通用的劈窗算法，再之后该团队在加入差分高次项提高大气水汽的拟合精度，以获得更高的地表温度反演精度。毛克彪、覃志豪等人在 Sobrino 等人的经典劈窗算法基础上，做出更进一步的改进，虽然该算法本质上为非线性劈窗算法，但该算法在考虑了反演精度的同时，较大的减少了运算的复杂度，为后续的科研做出巨大贡献。

1.2.2.3 单通道多角度地表温度反演

该方法是单通道和多角度的结合，对于观测目标为同一物体而言，在不同角度上观测所通过的大气路径是不同的，不同路径的大气水汽吸收也是不同的，因此，理论上可以通过单通道在不同路径观测获得的亮度温度之间的线性组合来消除大气影响。一些学者专家以 ERS-1 上的 ATSR 辐射计中的 0°和 55°的单通道数据，反演出的海洋表面温度精度高达 0.3K。但是，由于陆地表面与海面状况的巨大差异，且受到地物地貌的影响极大，因此，该方法在陆地表面温度反演中实用性不强。

1.2.2.4　多通道多角度地表温度反演

该方法结合了多通道和多角度的优势共同改进地表温度反演算法，首先要明白的是不管用什么反演方法，其真实地表温度都是不会改变，因此，结合不同的大气窗口与不同的大气路径对大气作用的影响效应，以此消除大气的影响，使得反演的地表温度更趋近与真实地表温度。有些专家以 ATSR 传感器的大气窗口 $11\mu m$、$12\mu m$ 以及观测角度 0°、55°数据，研究出多角度劈窗算法，保证同一地物的地表温度是相同的，以此建立系数矩阵，再以矩阵约束求解方式解算地表温度。

1.2.2.5　昼夜温差地表温度反演

昼夜温差法又叫双温多通道法，结合热红外大气窗口 $10\sim13\mu m$ 和中红外 $3.5\sim4.5\mu m$ 通道等多个热红外数据，解决劈窗算法中两个通道之间相关性高的影响，以昼夜热红外数据的差异性反演出地表温度，同时，该方法是基于假设同一地物昼夜观测时其地物比辐射率无变化的前提下进行的。Becker 等人利用 NO-AA/AVHRR 的 3/4/5 红热通道的昼夜数据研究出一个与温度无关的独立因子——TISI，该参数对大气修正误差敏感性弱，因此，能有效提高地表比辐射率，以提高反演精度。Wan 等人利用昼夜 MODIS 的 7 个热红外通道，建立了含有 14 个方程的方程组，同步反演各个大气参数以及地表温度。

1.2.3　影响温度异常的因素研究

王猛猛在对地表温度/近地表气温热红外遥感反演方法的研究中，指出在传感器检测的热辐射能量中，气温的热辐射贡献很小，仅属于弱信号，要想通过传感器检测到的热辐射能量直接得到气温是很难得实现的，因此需要通过反演的地表温度结合地表辐射特性等其他要素实现间接估计。

影响温度异常的因素有很多，从本质上来讲有外因和内因之分，但从能量传播和过程分析上来说，需要从数据采集的影响、数据预处理的影响、反演算法的影响以及数据分析处理的影响等多个方面进行分析。

数据采集上的影响：

（1）目前热红外传感器的分辨率普遍不高，存在非同温混合像元的影响，

这将会导致某些混合像元区域出现异常;

(2) 由于地物地貌的多角度散射反射等问题,导致某些像元的地温突变;

(3) 云层以及大气水汽的散射、反射、折射等问题以及云层的长时间覆盖问题,使得云层与非云层分界线的下垫面上某些像元地温发生变异。

数据预处理上的影响:传感器收集的辐射能量都以辐射通量密度的形式记录,如果要转换为可用的亮度温度,需要先进行大气纠正、重采样以及星上点辐射校正,在处理时难免会在某些像元上出现误差。

反演算法上的影响:现目前众多反演算法在以假设、简化、拟合的方式处理大气传输模型,无论怎么计算其目的都是为了更准确的估计反演参数。其中最为重要的 3 个输入参数是大气透过率、地表比辐射率以及亮度温度,真实地表温度的估算是一个复杂的非线性系统,在保证反演精度的同时尽量保证算法的运算效率时,反演算法中参数具有弱敏感性是极其重要的。

数据分析处理的影响:当获得了较高精度的地表温度时,才能够对数据进行进一步的分析处理。由于对地球系统和其子系统地表温度变化规律的无法精确掌控,只是在某些局部地区进行分析的结果只具有局部适用性和可研究性,不具有完备性。

1.2.4 问题的提出

综上所述,能够确定以下几个问题:

(1) 地震确实是一个非线性复杂性的系统科学问题,需要多方面因素全方位考虑,但由于现目前科学技术和硬件设施等问题,仅仅能从局部因素介入且简化近似构造机理。

(2) 地震中的板块摩擦断裂等剧烈运动确实能对地震区造成一定的能量交换现象,能量不可能凭空消失或凭空产生,微观表现是吸收或辐射,宏观表现为能量辐射数据的异常。

(3) 遥感技术是目前所能够运用的技术中极其先进的存在,确实能够快速、高效的搜集有效数据。

(4) 温度反演算法众多,随着系统参数的增加和其敏感性的降低,使得算法精度越来越高,其复杂度也越来越高,高精度温度反演也有普遍实行的可能。

同时,据文献显示:

(1) 有学者研究过青藏高原地区的时序地表温度,又有学者研究过喜马拉雅地震带的地震,但将两者关联起来的相关研究非常的少,因此,本书做了这样的一个研究。

(2) 高精度温度反演算法是自 2005 年之后一步一步研究过来的,因此,本书是在高精度地表温度数据的基础上进行挖掘的,虽然在 20 世纪 80~90 年代有用长时间序列温度数据研究地震的，但其本身的温度数据的误差就非常大，利用高精度地表温度进行地震研究的有一些学者研究，但是对高精度地表温度数据进行挖掘后再研究的学者应该也是非常少的。

（3）总的来说，这项研究是在别人的基础之上的一次升华，用到了高时间分辨率的高精度地表温度场数据的挖掘特征进行的研究。

在一个非线性复杂系统科学问题面前，仅仅以局地局部数据来反映问题的本质是不够看的，例如地震前后温度场就是这样的问题。在该问题中，虽然由于现目前的手段不够齐全，有效数据不够完备，无法复刻该复杂系统，但是就认识论可知其必然存在关系，因此，本着科学求实进取的态度去试探性地做一些有用的试点研究。

除此之外，现目前 MODIS 数据的时间分辨率较高且时间跨度大，但 MODIS 产品中的原始温度产品也受到一定的局限性，一方面只有陆地温度，没有水面温度；另一方面，是原始温度产品存在空洞，单点时序性不高，所以才想到用反演的办法的获取时序温度场数据。因此，本书期望基于 MODIS 数据反演出时序温度场数据，充分考虑地形、地貌、气象、区域、断裂带长度以及扩散效应等因素的影响，从空间遥相关分析、时间自相关分析、高阶微分方程扩散等方面进行研究，建立特征值与地震的关联，再结合非同源数据集共同分析该复杂系统，以此来深度挖掘时间序列温度场数据中的异常，如果能挖掘出一些有意义的物理量，这也是对社会的一大贡献。

1.3 研究目标

本书以多时相 MODIS 数据为基础，期望能实现单点 250m×250m 的地表温度反演。选择一些有物理意义的特征值，并期望在这些特征值中找到与地震发生关联密切的特征值。再由这些有密切关系的特征值为研究对象，期望能从中分析出，这些特征值的空间传递与时间变化规律。以这些特征的值、相应的地理属性数据以及相关辅助性数据等作为输入数据集，实际地震位置、震级、震源深度等为输出集，期望这些数据建立的关联性更趋近于真实关联，且在地震的预测上具有一定的辅助帮助。

1.4 研究内容

在众所周知的遥感科学中，电磁波谱家族包含了 $0.01\sim0.38\mu m$ 的紫外线波谱、$0.38\sim0.76\mu m$ 的可见光波谱、$0.76\sim3.0\mu m$ 的近红外波谱、$3.0\sim6.0\mu m$ 中红外波谱、$6.0\sim15.0\mu m$ 远红外波谱、$15.0\sim1000\mu m$ 超远红外波谱以及 $1\sim1000mm$ 的微波波谱等。根据本书所提出的构想，以热红外波段数据为基础，对数据进行挖掘，探索属于全球物理环境变化中的地震与地气能量交换之间的相关性。

研究对象的选择：本书通过查阅与分析中国地震统计年鉴表，选择喜马拉雅断裂带区域作为研究对象，这里曾多次发生过大地震。该地区内各省区互相邻近，在东经 30.5°~34°、北纬 76°~109°之间。其地表覆被类型为高原、林地、原始森林和雪山，城市化率相对较低，因此，综合考虑高海拔地区的大气保温性较差等大气因素，该研究区温度场的变化主要受该区域内较大的海拔差异，在大范围分析时该因素是有必要的。因此，选择该研究区域对地震温度场变化规律的研究更具代表性。

研究数据的选择：TERRA 卫星搭载的 MODIS 传感器，其数据共有 36 个波段，热红外波段有 7 个，且卫星重返周期为 16 天，具有较好的时间分辨率和较高的光谱分辨率，其精确性和时空连续性特征能够有效地弥补空间分辨率较差的缺陷。因此，本书选择 MODIS 数据源作为研究数据，并自年积日 2009 年 1 天起至年积日 2019 年底止，每间隔 8 天左右获取一组数据，共得 400 多组数据。

研究的主要内容：

（1）地表温度反演算法的选择。研究快速有效的地表温度反演算法，在代码上实现并行优化，以期快速获得本书的研究数据，同时在算法的改进上，也希望通过降尺度获得单点 250m×250m 的地表温度反演。

（2）时间序列地表温度场特征值的建立与选取。基于地表温度反演算法获得的时间序列地表温度场数据，以宏观统计学和微观热传导学为理论基础，深层次挖掘期特征值。

（3）地震多发区温度场的空间传递关系与时间变化关系研究。以温度场扩散方程作为该研究点的基石，研究时间序列地表温度场在时间序列上得到变化关系，以及随着时间的变化，其温度场在空间上各点的传递规律。

（4）温度场特征值与地震发生的关联性研究。结合空间传递和时间变化关系，同时分析地震断裂带分布、时间延迟特性、地形地貌、气象数据等因素的影响，以此来研究温度场特征值与地震发生的关联性。

1.5　研究思路

本书通过对地震多发区多时相地表温度场进行研究，检测温度场异常值和分析其变化趋势，从而达到对地震先兆的探测。基于认识论的引导，本书的初始研究思路如下：首先，利用劈窗算法对 MODIS 数据进行温度反演，得到真实地表及近地表温度值；其次，建立温度场异常特征统计量，并通过时序分析判断该特征值是否有异常，基于格兰杰因果检验寻找特征值间的关联性，并求解温度场扩散二阶微分方程，判断其是否出现异常；最后，建立基于温度场特征值的地震危险性预测模型，将具有异常特征的数据作为该模型的输入训练集，并以该区域内

发生的地震等级作为输出训练集，建立特征值与地震的内在关联。根据以上研究
思路画出框架流程图，如图 1-2 所示。

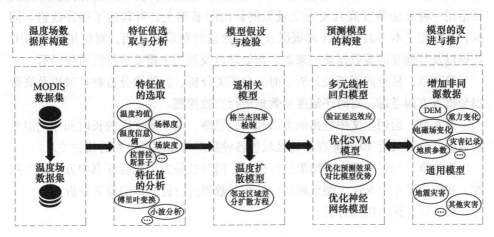

图 1-2　数据分析框架流程

在图 1-2 中，框架主体分为 5 个板块，温度场数据库构建、特征选取与分
析、模型假设与检验、预测模型的构建、模型的改进与推广。在选取和分析特征
值时，只有通过检验特征值才能被运用于后续操作及利用；在模型假设与检验
时，对各县区的特征值进行格兰杰因果检验，并同时结合扩散模型共同分析，从
不同的模型角度分析同一个问题，增强实验结果的说服力。在预测模型的构建
时，结合宏观统计分析与微观的扩散模型，并分析在延迟条件下的因果关系影
响，建立一个包含延迟效应的智能预测模型。在模型的改进与推广时，结合非同
源数据可进行本书的预测和其他灾害预测，增强模型的通用性。

本书的研究工作都围绕着地震多发区多时相温度场特征值的挖掘和利用开
展，以提取温度场的时空特征并分析该特征中的异常值是否具备地震预测的能
力。本书在建立预测模型时，发现仅使用无优化的神经网络和 SVM 进行预测，
会导致预测结果出现波动，这是由于初值的不合理选取造成的；同时，以地震的
能量作为预测项也是不准确，相邻震级之间的能量释放量的比值约为 30 倍，若
将震级转化为能量作为预测项，由于数量级过大，会致使其归一化后的值极小，
导致预测出现偏差。综上所述，本书选择使用基于优化算法的预测模型进行预
测，将地震的等级作为预测量，并对预测模型的精度进行分析。

1.6　本书研究结构及章节安排

第 1 章，对现有研究成果进行梳理和分析，找出当前本领域研究存在问题，
为本书研究提供立足点。

　　第 2 章，根据实际所需编写 Matlab 批处理程序，但是需要梳理和对比温度反演算法的优劣，由于众多专家在文献中已经做出深入对比，本书只需简单介绍，在沿用一种算法精度高且复杂度较低的算法的基础上，对其做了些许改进。同时，还介绍了本书的研究区域概况及相关数据的获取与利用，对使用的 MODIS 数据以及其他非同源数据集的来源、预处理以及利用上需要进行说明和标示。

　　第 3 章，从空间遥相关分析、时间自相关分析、高阶微分方程扩散以及高阶谱分析等方面考虑，对时序温度场数据进行有效挖掘。

　　第 4 章，运用上文中提出的方法和研究思路，基于研究区的长时间序列温度场数据，分析其近 10 年来在研究区域里各种数据与温度场数据的相关关系。

　　第 5 章，与第 4 章中的结果进行比对，同时也是为了能验证书中方法的实用性，在该章节中以某次大型地震区域的相关数据进行进一步的验证分析。

　　第 6 章，遥感应用分析。

参 考 文 献

[1] 郭华东. 全球变化科学卫星 [M]. 北京：科学出版社，2014.

[2] 邹其嘉. 全球变化和地球物理环境 [C]. 1992 年中国地球物理学会第八届学术年会，中国云南昆明，1992，1.

[3] Allen R G, Tasumi M, Trezza R. Satellite-Based Energy Balance for Mapping Evapotranspiration with Internalized Calibration（METRIC）—Model [J]. Journal of Irrigation Drainage Engineering, 2007, 133 (4)：380~394.

[4] 徐德军. 金属疲劳损伤过程热力学熵特征分析及寿命预测模型研究 [D]. 合肥：安徽建筑大学，2018.

[5] 马磊. 铁、镍及镍基合金疲劳断裂行为的原子模拟 [D]. 长沙：湖南大学，2015.

[6] 陈宜亨，师俊平. 微裂纹屏蔽机理的力学理论 [J]. 力学进展，1998，(1)：43~57.

[7] 许强. 广义系统科学理论及其工程地质应用研究 [J]. 岩石力学与工程学报，1998，(5)：129.

[8] 数据来源于中国地震台网中心，国家地震科学数据中心，http：//data. earthquake. cn.

[9] 王猛猛. 地表温度与近地表气温热红外遥感反演方法研究 [D]. 北京：中国科学院大学（中国科学院遥感与数字地球研究所）. 2017.

[10] Arnfield A J. Two decades of urban climate research：a review of turbulence, exchanges of energy and water, and the urban heat island [J]. International Journal of Climatology, 2003, 23 (1)：1~26.

[11] Karnieli A, Agam N, Pinker RT, et al. Use of NDVI and Land Surface Temperature for Drought Assessment：Merits and Limitations [J]. Journal of Climate, 2010, 23 (3)：618~633.

[12] Kuenzer C, Dech S. Thermal Infrared Remote Sensing [M]. Springer Netherlands, 2013.

［13］ Weng Q, Lu D, Schubring J. Estimation of land surface temperature-vegetation abundance relationship for urban heat island studies ［J］. Remote Sensing of Environment, 2004, 89 (4): 467~483.

［14］ Hansen J, Sato M, Reudy R, et al. Global Temperature Change ［J］. Proceedings of the National Academy of Sciences of the United States, 2006.

［15］ Wang L , Qu J J , X H. Forest fire detection using the normalized multi-band drought index (NMDI) with satellite measurements ［J］. Agricultural and Forest Meteorology, 2008, 148: 1767~1776.

［16］ Zhang X, Susan Moran M, Zhao X, et al. Impact of prolonged drought on rainfall use efficiency using MODIS data across China in the early 21st century ［J］. Remote Sensing of Environment, 2014, 150: 188~197.

［17］ Qin Z, Dall'Olmo G, Karnieli A, et al. Derivation of split window algorithm and its sensitivity analysis for retrieving land surface temperature from NOAA-advanced very high resolution radiometer data ［J］. Journal of Geophysical Research Atmospheres, 2001, 106 (D19): 22655~22670.

［18］ Qin Z, Karnieli A, Berliner P. A mono-window algorithm for retrieving land surface temperature from Landsat TM data and its application to the Israel-Egypt border region ［J］. International Journal of Remote Sensing, 2001, 22 (18): 3719~3746.

［19］ 毛克彪. 用于 MODIS 数据的地表温度反演方法研究 ［D］. 南京: 南京大学, 2004.

［20］ 毛克彪. 针对热红外和微波数据的地表温度和土壤水分反演算法研究 ［D］北京: 中国科学院遥感应用研究所, 2007.

［21］ 毛克彪, 覃志豪, 刘伟. 用 MODIS 影像和单窗算法反演环渤海地区的地表温度 ［J］. 测绘与空间地理信息, 2004, (6): 23~25.

［22］ 毛克彪, 唐华俊, 周清波, 等. 用辐射传输方程从 MODIS 数据中反演地表温度的方法 ［J］. 兰州大学学报 (自然科学版), 2007, (4): 12~17.

［23］ 覃志豪, Minghua Z, Karnieli A, et al. 用陆地卫星 TM6 数据演算地表温度的单窗算法 ［J］. 地理学报, 2001, (4): 456~466.

［24］ Wu Lixin, Liu Shanjun, Yuhua W. Remote Sensing- Introduction to Rock Mechanics - Infrared Remote Sensing of Rock Stress ［M］. Beijing: Science Press, 2006.

［25］ A TA. Satellite thermal survey—a new tool for the study of seismoactive regions ［J］. International Journal of Remote Sensing ［J］. International Journal of Remote Sensing, 1996, 17: 1439~1455.

［26］ 强祖基, 孔令昌, 王弋平, 等. 地球放气、热红外异常与地震活动 ［J］. 科学通报, 1992, (24): 2259~2262.

［27］ 强祖基, 徐秀登, 赁常恭. 利用卫星热红外异常作地震预报 ［J］. 世界导弹与航天, 1991, (4): 9~10.

［28］ 强祖基, 姚清林, 魏乐军, 等. 从震前卫星热红外图像看中国现今构造应力场特征 ［J］. 地球学报, 2009, 30 (6): 873~884.

［29］ Qiang Zuji, Liu Changgong, Li Lingzhi, et al. Satellite thermal infrared image brightness temperature anomaly-short-term earthquake [J]. Science in China (Series D), 1998, 28: 564~574.

[30] 徐秀登, 强祖基. 1976 年唐山地震前地面增温异常 [J]. 科学通报, 1992, (18).

[31] 徐秀登, 强祖基, 赁常恭. 非增温背景下的热红外异常兼机制讨论 [J]. 科学通报, 1991, (11): 841~844.

[32] 徐秀登, 强祖基, 赁常恭. 临震卫星热红外异常与地面增温异常 [J]. 科学通报, 1991, (4): 291~294.

[33] Ma Junfei, Li Wei, Wen S. Study on relationship between land surface temperature variation and seismic activity of Shandong Province [J]. Seismological and Geomagnetic Observation and Research, 2017, 38: 121~126.

[34] Zhong Meijiao, Zhang Yuansheng, Xuan Z. Thermal Infrared Anomalies prior to the MS ⩾ 5 Earthquakes in the Qilianshan Seismic [J]. China Earthquake Engineering Journal, 2015, 37: 1073~1076.

[35] 赵英时. 遥感应用分析原理与方法 [M]. 北京: 科学出版社, 2003.

[36] CiteSpace. Visualizing Patterns and Trends in Scientific Literature.

[37] 梅新安. 遥感导论 [M]. 北京: 高等教育出版社, 2013.

[38] Markham B L, Barker, J L. Landsat MSS and TM post-calibration dynamic ranges, exoatmospheric reflectances and at-satellite temperatures [J]. EOSAT Landsat technical notes, 1986, 1: 3~8.

[39] Zhao Liang L, Bo Hui T, Hua W, et al. Satellite-derived land surface temperature: Current status and perspectives [J]. Remote Sensing of Environment, 2013, (131): 13~37.

[40] Zhang Z, He G, Wang M, et al. Validation of the generalized single-channel algorithm using Landsat 8 imagery and SURFRAD ground measurements [J]. Remote Sensing Letters, 2016, 7 (7~9): 810~816.

[41] Zhang Z, He G. Generation of Landsat surface temperature product for China, 2000-2010 [J]. International Journal for Remote Sensing, 2013, 34 (20): 7369~7375.

[42] Sobrino J A, Kharraz J E, Li Z L. Surface temperature and water vapour retrieval from MODIS data [J]. International Journal of Remote Sensing, 2003, 24 (24): 5161~5182.

[43] Sun Y J, Wang J F, Zhang R H, et al. Air temperature retrieval from remote sensing data based on thermodynamics [J]. Theoretical and applied climatology, 2005, 80 (1): 37~48.

[44] Vancutsem C, Ceccato P, Dinku T, et al. Evaluation of MODIS land surface temperature data to estimate air temperature in different ecosystems over Africa [J]. Remote Sensing of Environment, 2010, 114 (2): 449~465.

[45] Cristóbal J, Jime'nez-Munoz J C, Sobrino J A, et al. Improvements in land surface temperature retrieval from the Landsat series thermal band using water vapor and air temperature [J]. Journal of Geophysical. Research Atmospheres., 2009, 114 (D08103) doi: 102912008JD010616.

[46] Jimenez-Munoz JC, Cristobal J, Sobrino JA, et al. Revision of the Single-Channel Algorithm for Land Surface Temperature Retrieval From Landsat Thermal-Infrared Data [J]. IEEE Transactions on Geoscience Remote Sensing, 2009, 47 (1): 339~349.

［47］ Jimenez-Munoz J C, Sobrino J A. Split-Window Coefficients for Land Surface Temperature Retrieval From Low-Resolution Thermal Infrared Sensors ［J］. IEEE Geoscience Remote Sensing Letters, 2008, 5 (4): 806~809.

［48］ Mao K, Qin Z, Shi J, et al. A practical split-window algorithm for retrieving land-surface temperature from MODIS data ［J］. International Journal of Remote Sensing, 2005, 26 (15): 3181~3204.

［49］ McMillin L M. Estimation of sea surface temperatures from two infrared window measurements with different absorption ［J］. Journal of Geophysical Research, 1975, 80: 5113~5117.

［50］ Becker, F. The impact of spectral emissivity on the measurement of land surface temperature from a satellite ［J］. International Journal of Remote Sensing, 1987, 8 (10): 1509~1522.

［51］ Sobrino J, Coll C, Caselles V. Atmospheric correction for land surface temperature using NOAA-11 AVHRR channels 4 and 5 ［J］. Remote Sensing of Environment, 1991, 38 (1): 19~34.

［52］ Sobrino J A, Li Z L, Stoll M P, et al. Improvements in the split-window technique for land surface temperature determination ［J］. IEEE Transgeosciremote Sens, 1994, 32 (2): 243~253.

［53］ Závody A M, Mutlow C T, Llewellyn-Jones D T. A radiative transfer model for sea surface temperature retrieval for the along-track scanning radiometer ［J］. Journal of Geophysical Research Oceans, 1995, 100 (C1): 937~952.

［54］ Becker F LZL. Towards a local split window method over land surfaces ［J］. International Journal of Remote Sensing, 1990, 11 (3): 369~393.

［55］ Li Z L, François B. Feasibility of land surface temperature and emissivity determination from AVHRR data ［J］. Remote Sensing of Environment, 1993, 43 (1): 67~85.

［56］ Wan Z LZL. A physics-based algorithm for retrieving land-surface emissivity and temperature from EOS/MODIS data ［J］. IEEE Transactions on Geoscience & Remote Sensing, 1997, 35 (4): 980~996.

［57］ Wang M M, He G, Zhang Z, et al. NDVI-based split-window algorithm for precipitable water vapour retrieval from Landsat-8 TIRS data over land area ［J］. Remote Sensing Letters, 2015, 6 (10~12): 904~913.

［58］ Wang M M, Zhang Z, He G, et al. An enhanced single-channel algorithm for retrieving land surface temperature from Landsat series data ［J］. Journal of Geophysical Research Atmospheres, 2016.

［59］ EOS. Earth Observing System, https: //eospso. nasa. gov/content/nasas-earth-observing-system-project-science-office.

［60］ Liang K. Mathematical physics ［M］. Beijing: Higher Education Press, 2010.

［61］ Dandan Y. Multivariate Time Series Classification Based on Granger Causality ［D］. Anhui: University of Science and Technology of China, 2018.

［62］ Song Dongmei, Shi Hongtao, Shan Xinjian, et al. A Tentative Test on Moderately Strong Earthquake Prediction in China Based on Thermal Anomaly Information and BP Neural Network ［J］. Seismology and Geology, 2015, 37: 649~660.

[63] Gao Y, Li Q, Wang S, et al. Adaptive neural network based on segmented particle swarm optimization for remote-sensing estimations of vegetation biomass [J]. Remote Sensing of Environment, 2018, 211: 248~260.

[64] Hongyun S. A Combined Non-linear Model for Earthquake Magnitude-frequency Distribution Characterization [D]. Beijing: China University of Geosciences, Beijing, 2016.

2　理论、方法及数据

2.1　地表温度反演基础及方法

2.1.1　地表温度反演基础

2.1.1.1　电磁波谱及热红外大气窗口

在研究本书的问题之前，必须要了解常常提及的遥感是什么。从广义上讲，一切无法直接接触的远距离探测都被叫作遥感，而狭义的解释是指不与被探测物体接触，在远处获得该物体的电磁波特性曲线，通过后期分析以揭示该地物的特征性质及其变化的综合性探测技术。电磁能量的传递过程是遥感科学技术中的重要物理基础，其中包括辐射、吸收、反射和透射等。众所周知，在真空状态下，电磁波的传播速度等于频率乘以波长，且该速度恒定等于光速，若波长越长，则频率越低、通过性越强、能流密度越小，反之，若波长越短，则频率越高、通过性越弱、能流密度越大。根据波长或频率的不同，将电磁波划分为 γ 射线、X 射线、紫外射线、可见光、红外线、无线电波等，同时，将包含全部波段的电磁波构成，叫作电磁波谱，如图 2-1 所示。

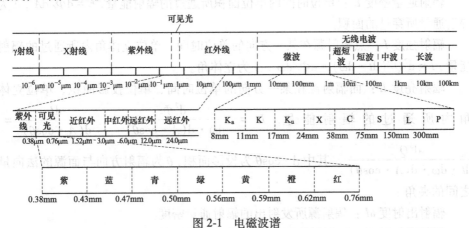

图 2-1　电磁波谱

任何温度大于绝对零度的物体每时每刻都在不断向外发射电磁波能量，任何物体不仅可以发射电磁波能量，还能反射吸收电磁波能量，且好的发射体就是好的吸收体，即不同地物的发射吸收特性不同，相同或相近地物的发射吸收特性相近，这也是为什么可以进行地表温度反演的原因。

热红外波段在整个电磁波家族中只是小部分，其范围在 $3 \sim 14\mu m$ 之间，且受到大气作用的诸多因素影响使得某些波长的电磁波能量被严重衰减。通常把电磁波在大气的吸收、反射、散射等作用下，那些受影响较弱、透过率较高的波谱范围叫作大气窗口。由于大气中的水汽主要在 $0.94\mu m$、$1.13\mu m$、$1.38\mu m$、$1.86\mu m$、$2.5 \sim 3.0\mu m$、$3.24\mu m$、$5 \sim 7\mu m$ 等有窗口有强吸收；$2.6 \sim 2.9\mu m$、$4.1 \sim 4.5\mu m$ 有较强吸收；臭氧对 $0.32\mu m$、$0.6\mu m$、$9.6\mu m$ 等有强吸收，氧气只在 $0.2\mu m$、$0.6\mu m$、$0.76\mu m$ 处有窄带强吸收，同时，其他微粒虽有影响但却微乎其微，由此，也能得出热红外波段中存在 $3 \sim 5\mu m$ 和 $8 \sim 14\mu m$ 两个大气窗口，同时在不同卫星搭载的传感器所设计的波段会更加精细。因为地表热辐射在到达传感器之前的损失量受地物特性和大气作用等因素强烈影响，因此，只有选择合适的大气窗口，才能将损失在该环节中下降到最小。而地球辐射接近温度为 300K 的黑体辐射，根据维恩位移定律，最大辐射所对应的波长为 $\lambda_{max地} = 9.66\mu m$，恰好位于 $8 \sim 14\mu m$ 大气窗口中。因此，通常以该大气窗口研究地球表层地物的热辐射特性，以此探测地表温度场以及温度分布等科研问题。

2.1.1.2 基本物理概念及基本定律

辐射能量 Q：电磁辐射中电磁场所具有的能量叫辐射能量，单位可为 J、cal、erg 等，其中：$1erg = 10^{-7}J$、$1cal = 4.1868J$。

辐射通量 Φ：单位时间所通过的辐射能量，$\Phi = dQ/dt$。

辐射通量密度 E：单位时间内单位面积所通过的辐射能量，$E = d\Phi/dA$，A 为辐射通量所穿过的面积。

辐射强度 I：点辐射源在某一方向的单位时间、单位立体角内所通过的辐射能量，$I = d^2Q/(dt \cdot d\omega) = d\Phi/d\omega$，$\omega$ 为立体角。

辐射亮度 L：面辐射源在某一方向的单位时间、单位投影面积、单位立体角内所通过的辐射能量，$L = \dfrac{d^2\Phi}{d\omega \cdot d(A \cdot \cos\theta)} = \dfrac{dI}{d(A \cdot \cos\theta)} = \dfrac{d^3Q}{dt \cdot d\omega \cdot d(A \cdot \cos\theta)}$，其中 $A \cdot \cos\theta$ 为投影面积，θ 为辐射方向与面源的法向量之间的夹角。

辐射出射度 M：辐射源所发射出的辐射通量密度。

辐射照射度 F：被辐射物所接收的辐射通量密度。

普朗克定律：如果一个物体对任何波长的电磁辐射都全部吸收，即吸收率 $\alpha(\lambda, T) \equiv 1$、反射率 $\rho(\lambda, T) \equiv 0$ 的物体就是绝对黑体。20 世纪初普朗克结合前人的经验，建立了一个普遍适用于绝对黑体辐射的公式，即普朗克公式，如

式 (2-1) 所示。

$$M_\lambda(\lambda, T) = \frac{2\pi hc^2}{\lambda^5} \cdot \frac{1}{\mathrm{e}^{\frac{hc}{\lambda kT}} - 1} \qquad (2\text{-}1)$$

式中，c 为真空中的光速，$c = 299792458\mathrm{m/s}$；$k$ 为玻耳兹曼常数，$k = 1.38 \times 10^{-23}\mathrm{J/K}$；$h$ 为普朗克常数，$h = 6.626070040(81) \times 10^{-34}\mathrm{J \cdot s}$；$M$ 为辐射出射度；M_λ 为某一单位波长的辐射出射度。

如图 2-2 所示，为不同温度下绝对黑体的辐射曲线图，横坐标为波长 λ，纵坐标为光谱辐射出射度 M_λ。同时，也可以从图中看出黑体辐射的三大特征：

（1）每条辐射曲线都是连续的且只有一个波峰；

（2）温度越高辐射出射度越大，且不同辐射曲线互不相交；

（3）随着温度升高辐射最大值所对应的波长会向短波方向移动。普朗克定律体现了黑体辐射出射度、温度、波长之间规律，成为近现代物理的基础。

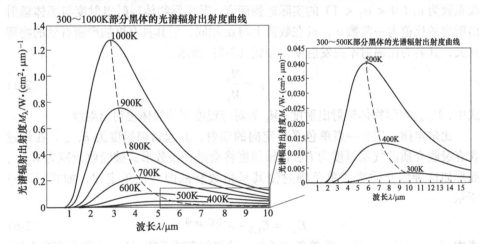

图 2-2　不同温度下绝对黑体辐射曲线

斯特藩-玻耳兹曼定律：对于某一单位波长的辐射出射度 M_λ 的波长 λ 从 0 到正无穷的积分 $j*$，即为单位表面面积、单位时间内辐射出的总功率，又称绝对黑体的总辐射出射度，如式 (2-2) 所示。

$$j^* = \int_0^\infty M_\lambda(\lambda)\mathrm{d}\lambda = \sigma T^4 \approx \frac{2\pi^5 k^4}{15c^2 h^3} \cdot T^4 \qquad (2\text{-}2)$$

式中，σ 为斯特藩-玻耳兹曼常数，$\sigma = 5.670373(21) \times 10^{-8}\mathrm{W/(m^2 \cdot K^4)}$。

由式 (2-2) 可以表明斯特藩-玻耳兹曼定律，即绝对黑体的总辐射出射度与其热力学温度的四次方成正比。

维恩位移定律：绝对黑体辐射光谱中的最大辐射出射度所对应的波长 $\lambda_{\max}$ 与该黑体的热力学温度 T 成反比，如式 (2-3) 所示。

$$\lambda_{\max} \cdot T = b \tag{2-3}$$

式中，b 为维恩常系数，$b = 2.897772 \times 10^{-3} \mathrm{m} \cdot \mathrm{K}$。

由式（2-3）及图 2-2 中虚线可以看出，随着黑体温度的升高，其最大辐射出射度所对应的波长 $\lambda_{\max}$ 会向短波方向移动。

基尔霍夫定律：在一定温度下，对于任何物体而言，其单位面积上的辐射通量与其吸收率之比为一个常数，并且等于同温、同面积下的黑体辐射通量，如式（2-4）所示。

$$\frac{M_i}{\alpha_i} = M_\lambda \tag{2-4}$$

式中，在同温的情况下，M_i 为实际物体的辐射出射度；α_i 为实际物体的吸收系数；M_λ 为同温下黑体辐射的出射度。

实际物体的辐射：好的吸收体亦为好的辐射体，对于在同温、同波长下的吸收系数为 α_i（$0 < \alpha_i < 1$）的实际地物而言，其实际物体辐射出射度与黑体辐射出射度的比值为一常数 ε，且在数值上与 α_i 相同，但其具有更加严密有效的物理意义，其名为比辐射率或发射率，如式（2-5）所示。

$$\varepsilon = \frac{M_a}{M_b} \tag{2-5}$$

式中，M_a 为实际物体辐射出射度；M_b 为对应温度下的黑体辐射出射度。

比尔定律：当有一束单色平行定向的辐射，其起始辐照度为 $E_{\lambda,0}$，在经过含有吸收介质的气层厚度为 l 后，辐照度将会呈现指数形式被吸收衰减为 $E_{\lambda,1}$，而形如这种因介质吸收单色辐射使其呈指数衰减即为比尔定律，如式（2-6）所示。

$$E_{\lambda,1} = E_{\lambda,0} \cdot \mathrm{e}^{-\int_0^l k'_{\mathrm{ex},\lambda} \rho \cdot \mathrm{d}l} \tag{2-6}$$

式中，$k'_{\mathrm{ex},\lambda} = k'_{\mathrm{sc},\lambda} + k'_{\mathrm{ab},\lambda}$ 为单色波长为 λ 的辐射衰减系数，$k'_{\mathrm{sc},\lambda}$ 为散射衰减系数，$k'_{\mathrm{ab},\lambda}$ 为质量吸收系数；ρ 为介质密度。

沿辐射传输路径单位截面积内所有因吸收介质和散射介质所产生的总削弱量即为光学厚度，其表达式为 $\int_0^l k'_{\mathrm{ex},\lambda} \cdot \rho \cdot \mathrm{d}l = \int_0^l k_{\mathrm{ex},\lambda} \cdot \mathrm{d}l$，其中 $k_{\mathrm{ex},\lambda}$ 为体积吸收系数。若只考虑吸收介质，不考虑散射介质，则 $E_{\lambda,1} = E_{\lambda,0} \cdot \mathrm{e}^{-\delta_\lambda}$。沿辐射传输路径单位截面积内吸收或散射气体的质量即为光学质量，其表达式为

$$u = \int_0^l \left(\frac{p}{p_0} \sqrt{\frac{T_0}{T}} \right)^n \cdot \rho \cdot \mathrm{d}l ,$$

则 $E_{\lambda,1} = E_{\lambda,0} \cdot \mathrm{e}^{-k'_{0,\lambda} \cdot u}$，

式中 $k'_{\mathrm{ab},\lambda} = k'_{0,\lambda} \cdot \left(\frac{p}{p_0} \sqrt{\frac{T_0}{T}} \right)^n$ 为大气特性的修正，$k'_{0,\lambda}$ 为标准大气压 p_0 及 273K 时

的质量吸收系数，$k'_{\text{ab},\lambda}$ 为气压 p 及温度 T 时的质量吸收系数；n 为修订因子常数，具体情况具体分析。则单色波的大气透过率 τ_λ 及吸收率 A_λ 如式（2-7）所示。

$$\begin{cases} \tau_\lambda = \dfrac{E_{\lambda,1}}{E_{\lambda,0}} = \mathrm{e}^{-\delta_\lambda} = \mathrm{e}^{-k_0,\lambda \cdot u} \\ A_\lambda = 1 - \tau_\lambda = 1 - \mathrm{e}^{-k_0,\lambda \cdot u} \end{cases} \quad (2\text{-}7)$$

2.1.1.3 地气系统辐射平衡及热红外传输方程

从本质上讲，对地观测系统收集到的能量并不完全是从地表辐射产生的，其探测收集到的能量来自于多次大气作用的削弱以及非地表辐射能量的集合体。因此，在思考热红外能量如何传输的问题时，需要先了解地气系统辐射是怎么样的，J. P. Peixoto 与 A. H. Oort 等在 1992 年时做出地气系统总辐射平衡框图（图2-3）。只有当认知了地球能量的平衡状态时，才能以此建立热红外传输方程模型，这也是热红外遥感的必要基础。

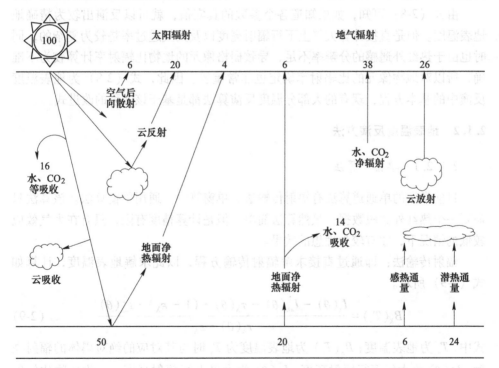

图 2-3 地气系统总辐射平衡

如图 2-3 所示，若记大气层顶太阳辐射为 100 单位，则因大气吸收的占 20 单位、地表吸收占 50 单位、大气反射散射占 30 单位，以此达到太阳辐射平衡。而地表吸收再以 20 单位热红外辐射、6 单位感热、24 单位潜热形式进入大气，同时，经过大气作用再辐射出去，已达到地气平衡。从图中可以看出，热红外传感器所接受到的能量是较少的且经过大气作用的衰减以及包括一些太阳直接辐射能量等。因此，可以看出大气作用是影响辐射能量探测精度的极大不确定因素，同时，地表热辐射综合形式与地表的材质、接受的能量以及方位角等诸多参数有关，热红外能量传输是一个较为复杂的过程。

如果在建立的大气传输模型中，同时满足所选波段在热红外大气窗口的范围内，由于热红外传感器所接受并记录下的是物体的辐射通量，则在传输模型中可近似忽略太阳辐射的影响，即推导出简化版的传感器所接受的辐射亮度如式（2-8）所示。

$$I_\lambda(\theta) = \tau_\lambda(\theta) \cdot [\varepsilon_\lambda \cdot B_\lambda(T_s) + (1 - \varepsilon_\lambda) \cdot I_{a\lambda}^\downarrow(\theta)] + I_{a\lambda}^\uparrow(\theta) \qquad (2-8)$$

式中，$I_{a\lambda}^\downarrow(\theta)$ 为大气下行辐射亮度；$I_{a\lambda}^\uparrow(\theta)$ 为大气上行辐射亮度；ε_λ 为地物比辐射率；$\tau_\lambda(\theta)$ 为大气透过率。此处计算出的辐射亮度为有效辐射亮度，即是在有效波段内的积分值，不同的有效大气窗口，计算出的参数是不同的。

由式（2-8）可知，如果知道各个参数的真实值，就可以反演出较为精确地地表温度。但是直接计算大气上下行辐射亮度以及大气透过率是较为复杂的，同时也由于热红外遥感的分辨率不足，导致栅格像元的地物比辐射率计算较为不准确，所以对地物像元的比辐射率确定也非常重要。因此，式（2-8）为地表温度反演中的基本方程，现有的大部分温度反演算法都是基于该方程的改进式。

2.1.2　地表温度反演方法

2.1.2.1　单窗口算法

目前常用的单通道算法有辐射传输法、单窗算法、通用单窗算法。该算法只需要一个热红外波段数据，虽然算法简单，但是计算精度有限，只有在大气效应较低的情况下，才有较为理想的效果。

辐射传输法：即通过直接求解辐射传输方程，以此求解地表温度，计算如式（2-9）所示。

$$B_\lambda(T_s) = \frac{I_\lambda(\theta) - I_{a\lambda}^\uparrow(\theta) - \tau_\lambda(\theta) \cdot (1 - \varepsilon_\lambda) \cdot I_{a\lambda}^\downarrow(\theta)}{\tau_\lambda(\theta) \cdot \varepsilon_\lambda} \qquad (2-9)$$

式中，T_s 为地表温度；$B_\lambda(T_s)$ 为地表温度为 T_s 时与其对应的绝对黑体的辐射亮度；$I_{a\lambda}^\downarrow(\theta)$ 为大气下行辐射亮度；$I_{a\lambda}^\uparrow(\theta)$ 为大气上行辐射亮度；ε_λ 为地物比辐射率；$\tau_\lambda(\theta)$ 为大气透过率。

目前求解该方程中的 $I_{a\lambda}^\downarrow(\theta)$、$I_{a\lambda}^\uparrow(\theta)$、$\tau_\lambda(\theta)$ 参数的方法主要是基于比尔定律，利用 MODTRAN 和 6S 等软件模拟大气传输过程，以此获取参数的近似解。最后在以普朗克方程求解地表温度 T_s。

单窗算法（MW）：覃志豪等人提出的单窗算法如式（2-10）所示。

$$T_s = [(a - a \cdot C - a \cdot D) + (b + (1 - b) \cdot C + (1 - b) \cdot D) \cdot T_\lambda - D \cdot T_a]/C$$

$$\begin{cases} C_\lambda = \varepsilon_\lambda \cdot \tau_\lambda \\ D_\lambda = (1 - \tau_\lambda) \cdot [1 + (1 - \varepsilon_\lambda) \cdot \tau_\lambda] \end{cases} \quad (2\text{-}10)$$

式中，a 和 b 为常系数，其值分别为 $a = -67.355351$ 和 $b = 0.458606$；T_λ 为星上点亮度温度，由于 τ_λ 与大气水汽含量有较强相关，覃志豪等人在文献中给出了 τ_λ 与大气水汽含量的线性关系；T_a 为有效大气均温，可由表 2-1 所示的公式表计算得到，其中 T_0 为近地表气温。

表 2-1　大气有效均温

大气剖面	公　式
USA 1976	$T_a = 25.9396 + 0.88045T_0$
热带	$T_a = 17.9769 + 0.91715T_0$
中纬度夏季	$T_a = 16.0110 + 0.92621T_0$
中纬度冬季	$T_a = 19.2704 + 0.91118T_0$

通用单通道算法（GSC）：Li 等人基于一定的研究基础进行了算法的改进，并提出了通用单通道算法，计算公式如式（2-11）所示。

$$T_s = \alpha \left(\frac{\eta_1 \cdot I_\lambda + \eta_2}{\varepsilon_\lambda} + \eta_3 \right) + \beta$$

$$\begin{cases} \alpha \approx \dfrac{T_\lambda^2}{b_\alpha I_\lambda}, \quad b_\alpha = \dfrac{1.4387685}{\lambda} \\ \beta \approx T_\lambda - \dfrac{T_\lambda^2}{b_\alpha} \end{cases} \quad (2\text{-}11)$$

式中，λ 为有效电磁波的波长；I_λ 为星上点辐射亮度；η_1、η_2、η_3 为大气功能参数，其与大气水汽 w 的关系式为 $[\eta_1 \quad \eta_2 \quad \eta_3]' = \overset{3\times3}{\boldsymbol{R}} \cdot [w^2 \quad w \quad 1]'$，$\boldsymbol{R}$ 为系数矩阵，其中 Landsat 系列卫星的系数矩阵如表 2-2 所示。

表 2-2　系数矩阵表

传感器	系数矩阵	传感器	系数矩阵
Landsat 6 TM 6	$\begin{bmatrix} 0.06674 & -0.03447 & 1.04483 \\ -0.50095 & -1.15652 & 0.09812 \\ -0.04732 & 1.50453 & -0.34405 \end{bmatrix}$	Landsat 7 ETM+ 6	$\begin{bmatrix} 0.06982 & -0.03366 & 1.04896 \\ -0.51041 & -1.20026 & 0.06297 \\ -0.05457 & 1.52631 & -0.32136 \end{bmatrix}$

传感器	系数矩阵	传感器	系数矩阵
Landsat 5 TM 6	$\begin{bmatrix} 0.08158 & -0.05707 & 1.05991 \\ -0.58853 & -1.08536 & -0.00448 \\ -0.06201 & 1.59086 & -0.33513 \end{bmatrix}$	Landsat 8 TIRS 1	$\begin{bmatrix} 0.04019 & 0.02916 & 1.01523 \\ -0.38333 & -1.50294 & 0.20324 \\ 0.00918 & 1.36072 & -0.27514 \end{bmatrix}$

除以上 3 种单窗算法之外，其他算法都是在热红外传输方程的基础上，对大气参数、地表比辐射率以及定标辐射等方面进行改进，尤其是在对大气水汽含量反演的研究，具体可在文献中关于大气水汽反演的文献综述中查阅，此处不再赘述。

2.1.2.2　劈窗算法

劈窗算法是目前最常用的地表温度反演算法之一，由于其利用 2 个及以上的热红外通道修正大气作用的影响，能够使所获得的结果更接近真实地表温度。现在已有的劈窗算法已经超过 10 种以上，最初的劈窗算法适用于海面温度反演，由于海面对比辐射率的精度要求不高，因此在海面温度反演方面，获得了较为理想的结果。之后再结合考虑更加复杂的因素，以获得更高精度的改进优化新算法。

局地劈窗算法：是指劈窗算法的只取决于地表比辐射率，不依赖于大气状况的一种劈窗算法。由于 Berker 等人在 1987 年的研究中指出了地表温度可以用相邻波段的亮温表示，且其系数由通道的地表发射率决定。因此，该团队提出一种陆地温度反演的局地劈窗算法，如式（2-12）所示。

$$T_s = A_0 + B_0 \cdot \frac{T_i + T_j}{2} + C_0 \cdot \frac{T_i - T_j}{2}$$

$$\begin{cases} A_0 = 1.274 \\ B_0 = 1 + 0.156\dfrac{1-\overline{\varepsilon}}{\overline{\varepsilon}} - 0.482\dfrac{\Delta\varepsilon}{\overline{\varepsilon}^2} \\ C_0 = 6.26 + 3.98\dfrac{1-\overline{\varepsilon}}{\overline{\varepsilon}} - 38.33\dfrac{\Delta\varepsilon}{\overline{\varepsilon}^2} \end{cases} \tag{2-12}$$

$$\begin{cases} \overline{\varepsilon} = \mathrm{mean}(\varepsilon_i + \varepsilon_j) \\ \Delta\varepsilon = \varepsilon_j - \varepsilon_i \end{cases}$$

式中，A_0、B_0、C_0 为方程系数；T_i、T_j 为不同热红外通道的星上点亮温；$\overline{\varepsilon}$ 为不同热

红外通道的平均地表比辐射率值；$\Delta\varepsilon$ 为不同热红外通道的地表比辐射率差值。由于没有引入大气作用的影响因子，因此方程系数会随大气状况的变化而改变。

同时，Wan 等人在此基础上，修正了公式中的常系数并加入了亮温差的平方项，以提高劈窗算法的精度，如式（2-13）所示。

$$T_s = A_0 + B_0 \cdot \frac{T_i + T_j}{2} + C_0 \cdot \frac{T_i - T_j}{2} + D_0 \cdot (T_i - T_j)^2$$

$$B_0 = b_1 + b_2 \frac{1 - \overline{\varepsilon}}{\overline{\varepsilon}} + b_3 \frac{\Delta\varepsilon}{\overline{\varepsilon}^2} \tag{2-13}$$

$$C_0 = c_1 + c_2 \frac{1 - \overline{\varepsilon}}{\overline{\varepsilon}} + c_3 \frac{\Delta\varepsilon}{\overline{\varepsilon}^2}$$

式中，A_0、B_0、C_0、D_0、b_1、b_2、b_3、c_1、c_2、c_3 均为方程系数。

Sobrino 等人劈窗算法：Sobrino 等人提出一个包含了大气水汽含量参数以及地表比辐射率参数的劈窗算法，如式（2-14）所示。

$$T_s = T_i + A \cdot \Delta T_{ij} - B + C \cdot (1 - \overline{\varepsilon}) - D \cdot \Delta\varepsilon$$

$$\begin{cases} A = \alpha_0 & \alpha_0 = \dfrac{1 - \tau_i}{\Delta\tau_{ij}} \\ B = A \cdot (1 - \tau_j) \cdot \Delta T_{ij}^a & \\ C = \alpha_1 \cdot \Delta T_{ij} + \alpha_2 \cdot L_i' & \alpha_1 = \dfrac{1 - \tau_i \cdot \tau_k}{\Delta\tau_{ij}} \\ D = A \cdot C \cdot \tau_j & \alpha_2 = \tau_k \end{cases} \tag{2-14}$$

式中，τ_i、τ_j、$\Delta\tau_{ij}$、τ_k 分别为两个热红外通道的大气透过率、两通道的大气透过率之差以及固定视向天顶角 i 通道的大气透过率；L_i 为辐射亮度与温度的转换参数；ΔT_{ij} 为两通道的亮温差；ΔT_{ij}^a 为两通道的大气平均气温；$\overline{\varepsilon}$ 为两通道的平均地表比辐射率；$\Delta\varepsilon$ 为两通道的地表比辐射率之差。

该劈窗算法相比于局地劈窗算法，虽其增加了大气作用参数，但也存在输入参数过多的缺点，由于参数之间的存在舍入误差、高相关性等因素，使得参数敏感性高，因此，该团队之后又进行改进，改进后如式（2-15）所示。

$$T_s = T_i + c_1 \cdot \Delta T_{ij} + c_2 \cdot \Delta T_{ij}^2 + c_0 + (c_3 + c_4 \cdot w) \cdot (1 - \overline{\varepsilon}) + (c_5 + c_6 \cdot w) \cdot \Delta\varepsilon \tag{2-15}$$

式中，c_1、c_2、c_3、c_4、c_5、c_6 为方程系数；w 为大气水汽含量。

覃志豪、毛克彪等人的劈窗算法：覃志豪等人提出了一种包含大气水汽含量、地表比辐射率等参数，且系数较少、敏感性低的劈窗算法，如式（2-16）所示。

$$T_s = A_0 + A_1 \cdot T_i - A_2 \cdot T_j$$

$$(1)\begin{cases} A_0 = a_i E_1 - a_j E_2 \\ A_1 = 1 + A + b_i E_1 \\ A_2 = A + b_j E_2 \end{cases}$$

$$(2)\begin{cases} A = D_i / E_0 \\ E_0 = C_i D_j - C_j D_i \\ E_1 = D_j \cdot (1 - C_i - D_i)/E_0 \\ E_2 = D_i \cdot (1 - C_j - D_j)/E_0 \end{cases} \quad (2\text{-}16)$$

$$(3)\begin{cases} C_i = \varepsilon_i \cdot T_i \\ C_j = \varepsilon_j \cdot T_j \\ D_i = [1 - \tau_i] \cdot [1 + (1 - \varepsilon_i)\tau_i], \\ D_j = [1 - \tau_j] \cdot [1 + (1 - \varepsilon_j)\tau_j] \end{cases}$$

式中, a_i、a_j、b_i、b_j 为辐射亮度与温度的转换参数;T_i、T_j 为两通道的亮度温度(单位为国际温标 K);ε_i、ε_j 为两通道的比辐射率;τ_i、τ_j 为两通道的大气透过率。

辐射亮度与温度的转换参数可由 Rozenstein 等人于 2014 年做出的相关系数查询表查看,如表 2-3 所示。

表 2-3　辐射亮度与温度的转换参数表

温度/℃	a_i	b_i	R_i^2	a_j	b_j	R_j^2
0~30	-59.139	0.421	0.9991	-63.392	0.457	0.9991
0~40	-60.919	0.428	0.9985	-65.224	0.463	0.9985
10~40	-62.806	0.434	0.9992	-67.173	0.47	0.9992
10~50	-64.608	0.44	0.9986	-69.022	0.476	0.9986

MODIS 中的 31/32 波段星下点大气透过率与大气水汽含量关系如表 2-4 所示。表中给出了大气透过率与大气水汽含量的分段函数关系,只需要知道大气水汽含量即可求得相应的大气透过率。

表 2-4　大气透过率与大气水汽含量线性关系

大气水汽含量/$g \cdot cm^{-2}$	$MODIS_{band31}$		$MODIS_{band32}$	
0.2~1.0	$\tau_{31} = 0.97366$	$-0.05468w$	$\tau_{32} = 0.96210$	$-0.08991w$
1.0~2.0	$\tau_{31} = 0.99978$	$-0.07804w$	$\tau_{32} = 0.99043$	$-0.11528w$
2.0~3.0	$\tau_{31} = 1.05173$	$-0.11528w$	$\tau_{32} = 1.03998$	$-0.14207w$
3.0~4.0	$\tau_{31} = 1.09352$	$-0.11743w$	$\tau_{32} = 1.05092$	$-0.14421w$
4.0~6.0	$\tau_{31} = 1.07268$	$-0.12571w$	$\tau_{32} = 0.93821$	$-0.12613w$

针对 MODIS 的大气水汽含量反演中，其探测器中有关于水汽探测的通道，可以由比尔定律变形式近似估算大气水汽含量，计算如式（2-17）所示。

$$w_i = \left[\frac{\alpha - \ln(b_i/b_2)}{\beta} \right]^2, i \in (17,18,19)$$

$$\bar{w} = \sum_{i=17}^{19} f_i \cdot w_i, f_i = \frac{\eta_i}{\sum_{i=17}^{19} \eta_i}, \eta_i = \frac{\Delta\rho_i}{\text{range}(w_i)} \tag{2-17}$$

式中，w_i 为某单个水汽通道估算出的大气水汽含量，g/cm^2，b_i 为水汽通道的反射率，一般情况下 α、β 为常系数 $\alpha = 0.02$、$\beta = 0.6321$，由于单个水汽通道估算会具有较大误差，因此，用于实际计算时是同时计算三个水汽通道的大气水汽含量，并取其加权平均值，作为当前所需的大气水汽含量值。其中 f_i 为各水汽通道的权重，$\Delta\rho_i$ 为各水汽通道的透射率的差值，$\text{range}(w_i)$ 为水汽通道的极差，即最大水汽含量与最小水汽含量的差。

昼夜温差法劈窗算法：Wan 等人利用 MODIS 的 4 个远红外以及 3 个近红外大气窗口通道，建立含 14 个方程的方程组，同步求解地表温度、平均地表比辐射率以及各大气参数等，该算法如式（2-18）所示。

$$I_i = \tau_{1i}\varepsilon_i B(T_s) + I_{ai}^{\uparrow} + I_{si}^{\uparrow} + (1 - \varepsilon_i)/\pi +$$
$$(\tau_{2i}\alpha\mu_0 E_{0i} + \tau_{3i}E_{di} + \tau_{4i}E_{ti}) \tag{2-18}$$

式中，$B(T_s)$ 为黑体辐射亮度；T_s 为地表温度；$\tau_{ni}(n \in (1, 2, 3, 4))$ 为大气透过率；$I_{ai}^{\uparrow} + I_{si}^{\uparrow}$ 为大气上行辐射；E_{0i}、E_{di}、E_{ti} 为太阳辐射通量及其分量；α 为地表二向反射因子；μ_0 为天顶角余弦。

差分矩阵劈窗算法：常规的劈窗算法是多通道之间的变换计算，在覃志豪等的劈窗算法中也加入多不同天顶角的通道进行温度反演。除此之外，在高光谱、高分辨率影像数据越来越普及的前提下，多通道多角度的方程矩阵越来越具有实用性。从理论上讲，包含 n 个未知数的 $n \times 1$ 方程组，由间接平差法可求得方程组的唯一解。即多角度多通道的差分矩阵如式（2-19）所示。

$$T_s = A_{(0,\theta_i)} + A_{(1,\theta_i)} T_{(\lambda_j,\theta_i)} + A_{(2,\theta_i)} T_{(\lambda_j,\theta_i)}$$
$$i,j \in (1,2,\cdots,N^+) \tag{2-19}$$

式中，$A_{(0, \theta_i)}$、$A_{(1, \theta_i)}$、$A_{(2, \theta_i)}$ 为与地表比辐射率、大气状况有关的劈窗系数；$T_{(\lambda_j, \theta_i)}$ 是当角度为 θ_i 以及通道波长为 λ_j 时的亮度温度。当观测数增加一个，则未知数也可增加一个，构成附有限制性的间接平差方程，当观测数足够多时，可以用差分方式剔除绝大部分的大气误差和地表比辐射率计算误差等，即通过增加多余观测提高求解参数的精度。由于目前传感器设备等硬件技术的发展有限，该方法的优势还不太明显。

2.1.3　重要参数的求解

　　地表温度反演的参数包括：亮度温度、地表比辐射率、大气透过率以及传感器视角等，其中最为重要的是亮度温度、地表比辐射率、大气透过率三个参数，而对于窄视场的传感器可一定程度的忽略天顶角的影响，其余影响有的可忽略、又有的限于条件有限无法计算，如非同温混合像元分解问题、日照时间、人为活动等。

　　大气透过率：现目前的大气透过率的计算一般都是进行大气透过率与大气水汽含量的拟合，现有的拟合有指数拟合、线性拟合、分段线性拟合，其中针对MODIS 的大气透过计算可根据表 2-3、表 2-4 中的分段线性拟合计算方法进行计算，该方法的精确性较高。

　　亮度温度：亮度温度的计算是根据普朗克方程计算出来的，计算星上点亮度温度之前，需要先求得辐射亮度 $B_\lambda(T_s)$，又因为普朗克黑体辐射公式是在整个 2π 半球空间上的总光谱通量，因此辐射亮度 $B_\lambda(T_s)$ 具体的计算如式（2-20）所示。

$$
\begin{aligned}
I_\lambda &= B_\lambda(T_s) = D_{\text{scales}} \cdot (DN_i - D_{\text{offsets}}) \\
M_\lambda &= \int_0^{2\pi} \int_0^{\pi/2} I_\lambda \cdot \cos\theta \cdot \sin\theta \mathrm{d}\theta \mathrm{d}\phi \\
M_\lambda &= I_\lambda \cdot \pi \\
B_\lambda(T_s) &= I_\lambda = M_\lambda/\pi
\end{aligned}
\tag{2-20}
$$

式中，DN_i 为第 i 通道的亮度值 $DN_i \in (0 - 32767)$；D_{scales} 为拉伸量；D_{offsets} 为偏移量。再由式（2-20）的变形式即可推导出星上点亮度温度的求解如式（2-21）所示。

$$
\begin{aligned}
B_{\lambda_i}(T_i) &= I_i = \frac{C_1}{\lambda_i^5 \cdot (e^{C_2/\lambda_i T_i} - 1)} \\
&\begin{cases} C_1 = 2hc^2 = 1.19104 \times 10^8 \mathrm{W/(m^2 \cdot sr \cdot \mu m)} \\ C_2 = hc/k = 1.43877 \times 10^4 \mu m \cdot K \end{cases} \\
T_i &= \frac{K_{(i,2)}}{\ln[(K_{(i,1)}/I_i) + 1]} \\
K_{(i,1)} &= \frac{C_1}{\lambda_i^5}, K_{(i,2)} = \frac{C_2}{\lambda_i}
\end{aligned}
\tag{2-21}
$$

式中，I_i 为第 i 通道的辐射亮度；λ_i 为第 i 通道的中心波长。其中 Landsat 8 和 MODIS 的热红外波段中心波长如表 2-5 所示，由表可以求出式（2-21）中的必要参数。

表 2-5 Landsat 8 和 MODIS 的热红外波段中心波长表

传感器	热红外通道	中心波长/μm	波宽/μm	分辨率
Landsat 8	10	10.90	10.60~11.20	100
	11	12.00	11.50~12.50	100
MODIS	31	11.03	10.78~11.28	1000
	32	12.02	11.77~12.27	1000

其中对 MODIS 而言，$K_{(31,1)} = 729.54\text{W}/(\text{m}^2 \cdot \text{sr} \cdot \mu\text{m})$，$K_{(31,2)} = 1304.41\text{K}$，$K_{(32,1)} = 474.68\text{W}/(\text{m}^2 \cdot \text{sr} \cdot \mu\text{m})$，$K_{(31,2)} = 1196.98\text{K}$。

对 Landsat-8 而言，$K_{(10,1)} = 774.89\text{W}/(\text{m}^2 \cdot \text{sr} \cdot \mu\text{m})$，$K_{(31,2)} = 1321.08\text{K}$，$K_{(32,1)} = 480.89\text{W}/(\text{m}^2 \cdot \text{sr} \cdot \mu\text{m})$，$K_{(31,2)} = 1201.14\text{K}$。

地表比辐射率：目前比较好的方法有：$NDVI$ 阈值法、差值法、光谱指数法以及 M-C 法等求取比辐射率，其中覃志豪等人提出基于 $NDVI$ 的比辐射率估算方法非常实用。

在该方法中，首先，将地表分为典型地物、自然地物、人造地物三类，其中典型地物的地表比辐射率如式（2-22）所示。

$$\varepsilon_{r_1} \begin{cases} 0.99683 & \text{水体} \\ 0.98672 & \text{植被} \\ 0.96767 & \text{裸地} \\ 0.96489 & \text{建筑} \end{cases}, \quad \varepsilon_{r_2} \begin{cases} 0.99254 & \text{水体} \\ 0.98990 & \text{植被} \\ 0.97790 & \text{裸地} \\ 0.97512 & \text{建筑} \end{cases} \quad (2\text{-}22)$$

式中，ε_{r_1} 为第一个热红外波段的比辐射率；ε_{r_2} 为第一个热红外波段的比辐射率。

在计算自然地物的比辐射率时，需要引入 3 个因子：植被覆盖度（VFC）、温度比率以及热辐射相互作用，其中植被覆盖度的计算如式（2-23）所示。

$$P_v = \frac{NDVI - NDVI_{\text{soil}}}{NDVI_{\text{veg}} - NDVI_{\text{soil}}} \quad (2\text{-}23)$$

式中，P_v 为植被覆盖度；$NDVI_{\text{veg}}$ 为茂密植被覆盖区的归一化植被指数，一般取值为 $0.05 \sim 0.15$；$NDVI_{\text{soil}}$ 为裸土地区的归一化植被指数值，一般为 $0.70 \sim 0.90$。其中较为精确 $NDVI_{\text{veg}}$ 与 $NDVI_{\text{soil}}$ 的数值可以在 ENVI 5.0 以上版本中对单张遥感影像像元进行评估后计算出来，$NDVI$ 为归一化植被指数值 $NDVI = (NIR - R)/(NIR + R)$，其中 NIR 为近红外波段值，R 为红色波段值。

温度比率中需要被计算的植被、裸土以及建筑的温度比率 R_{veg} 与 R_{soil} 如式（2-24）所示。

$$\begin{cases} R_{\text{veg}} = 0.9332 + 0.0585 P_v \\ R_{\text{soil}} = 0.9902 + 0.1068 P_v \\ R_{\text{build}} = 0.9886 + 0.1287 P_v \end{cases} \quad (2\text{-}24)$$

热辐射相互作用一般条件下为 $d\varepsilon = 0$，但在不同地表介质的分界线出会有较大的热辐射相互作用，其经验计算如式（2-25）所示。

$$d\varepsilon = \begin{cases} 0.0038 \times P_v & P_v < 0.5 \\ 0.0038 \times (1 - P_v) & P_v > 0.5 \\ 0.0019 & P_v = 0.5 \end{cases} \qquad (2\text{-}25)$$

综上所述，即可计算出当前通道的地表比辐射率，其估算如式（2-26）所示。

$$\varepsilon_i = P_v R_{\text{veg}} \varepsilon_{(i,\text{veg})} + (1 - P_v) R_{\text{soil}} \varepsilon_{(i,\text{soil})} + d\varepsilon \qquad (2\text{-}26)$$

式中，ε_i 为第 i 通道的地表比辐射率；$\varepsilon_{(i,\text{veg})}$ 为第 i 通道的茂密植被比辐射率；$\varepsilon_{(i,\text{soil})}$ 为第 i 通道的裸土地区比辐射率。

人造地区的地表比辐射率计算公式则如式（2-27）所示。

$$\varepsilon_i = P_v R_{\text{veg}} \varepsilon_{(i,\text{veg})} + (1 - P_v) R_{\text{build}} \varepsilon_{(i,\text{build})} + d\varepsilon \qquad (2\text{-}27)$$

式中，$\varepsilon_{(i,\text{build})}$ 为第 i 通道的茂密植被比辐射率。

2.2　研究区域概况及 MODIS 数据

2.2.1　研究区域概况

首先，通过查看及分析《中国地震统计年鉴》表以及中国断裂带数据集，可以发现我国大多数地震的震源分布在喜马拉雅——环太平洋地震带，其中青藏高原的边界地区如：昆仑山断裂带、龙门山断裂带是地震的高发地区，以及沿太平洋沿岸的海底断裂带同样也是孕育地震的摇篮地区。

青藏高原作为我国西部及西南部国土的重要组成部分，其中所蕴含着重要的战略意义，同时也是三江发源地长江、黄河、雅鲁藏布江的源头，同时其中的冰川也孕育着诸如嘉陵江、金沙江等生命之源，其独特的地理位置以及气候构成，造成了我国北纬30°的中东部生命繁盛、鱼米之乡的景象，这是在其他同纬度地区不可见的事情，其都归属于青藏高原的功劳；同时，此处是地震的高发地带，其对于当地的道路安全、人员安全、水源安全等都会造成不可估量的损失，尤其是在其与云、贵、川以及甘肃等地区交界的有人员流动的边缘地带，一场因地震造成的堰塞湖、泥石流、山体滑坡等地址灾害的发生，其后果是不堪设想的。因此，本书将中国西部及西南部的青藏高原地域作为研究对象，在获取该地区的地表温度的同时，分析该地区的地表温度以及其他非同源地理属性数据集与该地区地震之间的相关性；同时，再结合该区域中最近时间发生过的较大地震事件，具体分析与挖掘本书方法的可行性与研究价值。

经过对比分析、较大单独事件的分析，以九寨沟地震为分析对象，该地的7级地震发生于2017年，尤其是从著名的文化遗产景点的破坏、人员安全的损伤及居民房屋的倒塌来看，其直接或间接造成我国的几十亿，甚至上百亿的经济损失，是近年以来发生的最为典型的地震。因此，以九寨沟地震区作为局地分析的首选，选取九寨沟地震带附近具有研究价值的九个县市作为研究对象，分别是北川、都江堰、江油、九寨沟、茂县、平武、青川、松潘和汶川，这九个县市发生了大地震，分布在两个断层带。九个县市彼此相邻，北纬30.5°~34.0°，东经102.5°~105.6°。该研究区的土地覆盖类型为林地、原始森林和雪山，城市化率相对较低。因此，温度场变化受城市热岛效应等因素的影响较小，选择该研究区域来研究地震温度场的变化规律更具代表性。

本书主要从大范围数据分析以及小范围局地验证两个方面入手，其中大范围数据分析是以青藏高原地区为主，分析该地区的各种数据分布特性以及相关性；小范围局地验证是以九寨沟地震区为主，具体分析挖掘温度场数据变化异常，除此之外，还能加上非同源数据集以减小本书思路中的不确定性。

我国西部以及西南部地区极为重要的战略要地，位于北纬26°00'~39°47'，东经73°19'~104°47'之间，而且是独特的高原季风性气候，青藏高原的平均海拔在4000m以上，且其光照和地热资源非常充足，地壳、上地幔介质纵向分层，横向分块，地壳厚度平均为70km。

其中验证研究区域——九寨沟地区，如图2-4所示，震中位于北纬33.20°，东经103.82°，震中东距九寨沟县城永乐镇39km、南距松潘县66km、西北距若尔盖县90km，超过17万人受灾、7万间房屋受损，经济损失相当巨大。

在图2-4中，该研究区域位于中国四川省北部的山川与盆地交互之地、青藏高原的东区的边界地带，该地区近5年来，发生大于3级地震的次数超过140次，该处地震带及历史上曾经发生的大地震如表2-6所示。

表 2-6　研究区所处地震带

县　城	地　震　带		曾经最大地震
九寨沟县、茂县、平武县、松潘县	松潘-较场地震带		1933年茂县叠溪7.5级地震
汶川县、平武县、茂县、青川县	龙门山地震带	后山断裂	2008年汶川8.0级大地震
北川县		主干断裂	
都江堰市、江油市		山前断裂	
北川、都江堰、江油、九寨沟、茂县、平武、青川、松潘、汶川	龙门山地震带为主，附近多个地震带均有影响		2017年九寨沟地震

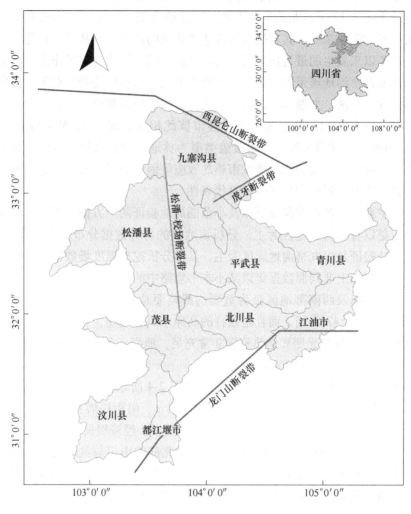

图 2-4　九寨沟地区

2.2.2　MODIS 简介

20 世纪 90 年代初，为了加强全球变化综合观测科学的研究，NASA 发起了地球科学研究的综合性项目，而其中最为重要的组成部分就是对地观测卫星系统（EOS）。基于 Terra 卫星与 Aqua 卫星为载体，搭载了中等分辨率成像光谱仪，即 MODIS 传感器，其中 Terra 卫星每天早上由北向南通过赤道，Aqua 卫星每天下午由南向北通过赤道，且均为太阳同步轨道，两颗卫星相互配合可在 1~2 天内重复观测全球。该系统标志着人类对地观测研究进入一个全新时代，尤其是 MODIS 在全球尺度的大气变化、海洋变化、突变覆被变化、生物多样性、自然灾害等方面发挥着极其重要的作用。

表 2-7 所示为 MODIS 传感器中的波段分布及用途，其数据在 0.405 ~ 14.385μm 之间共有 36 个波段进行探测，热红外波段有 7 个，且卫星重返周期为 16 天，具有较好的时间分辨率和较高的光谱分辨率，其精确性和时空连续性特征能够有效地弥补空间分辨率较差的缺陷，同时结合国情地理位置，本书选择上午过境的 TERRA 卫星搭载的 MODIS 数据源作为研究数据。

根据不同的用途目的，选择合适的波段组合，以此可以获得相应的目标结果，并且作用于大尺度的分析，如表 2-7 所示。

表 2-7 MODIS 波段分布及用途

波段	波谱范围	信噪比/dB	频谱强度 /$W \cdot (m^2 \cdot \mu m \cdot sr)^{-1}$	主要用途	分辨率/m
1	620~670nm	128	21.8	陆地/云边界	250
2	841~876nm	201	24.7		250
3	459~479nm	243	35.3		500
4	545~565nm	228	29.0		500
5	1230~1250nm	74	5.4	陆地/云特性	500
6	1628~1652nm	275	7.3		500
7	2105~2155nm	110	1.0		500
8	405~420nm	880	44.9		1000
9	438~448nm	838	41.9		1000
10	483~493nm	802	32.1		1000
11	526~536nm	754	27.9	海洋颜色/浮游植物/生物化学	1000
12	546~556nm	750	21.0		1000
13	662~672nm	910	9.5		1000
14	673~683nm	1087	8.7		1000
15	743~753nm	586	10.2		1000
16	862~877nm	516	6.2		1000
17	890~920nm	167	10.0		1000
18	931~941nm	57	3.6	大气水蒸气	1000
19	915~965nm	250	15.0		1000
20	3.660~3.840μm	0.05	0.45		1000
21	3.929~3.989μm	2	2.38	地表/云温度	1000
22	3.929~3.989μm	0.07	0.67		1000
23	4.020~4.080μm	0.07	0.79		1000

续表2-7

波段	波谱范围	信噪比/dB	频谱强度/$W \cdot (m^2 \cdot \mu m \cdot sr)^{-1}$	主要用途	分辨率/m
24	4.433~4.498μm	0.25	0.17	大气温度	1000
25	4.482~4.948μm	0.25	0.59		1000
26	1.360~1.390μm	150	6.00	卷云	1000
27	6.536~6.895μm	0.25	1.16	水蒸气	1000
28	7.175~7.475μm	0.25	2.18		1000
29	8.400~8.700μm	0.25	9.58		1000
30	9.580~9.880μm	0.25	3.69	臭氧	1000
31	10.780~11.280μm	0.05	9.55	地表/云温度	1000
32	11.770~12.270μm	0.05	8.94		1000
33	13.185~13.485μm	0.25	4.52	云顶高度	1000
34	13.485~13.785μm	0.25	3.76		1000
35	13.785~14.085μm	0.25	3.11		1000
36	14.085~14.385μm	0.35	2.08		1000

2.2.3　MODIS产品

目前，基于以上 MODIS 的波段信息及用途，NASA 官网还免费提供 44 种具有不同时间、空间分辨率的 MODIS 全球标准数据产品，其中按等级分如表2-8 所示，所有数据分为 0、1、2、3、4、5 及以上等级产品，不同等级的处理程度不同，可按需求进行选择。按观测类型分如表2-9 所示，从定标数据产品、大气数据产品、海洋数据产品以及陆地数据产品 4 个方面进行产出，可按需求进行选择。表 2-8、表 2-9 中的所有数据均可根据实际需求在 NASA 官网获取。

表 2-8　MODIS 标准数据产品等级划分

等　　级	含　　义
0 级产品	原始数据即为 0 级产品
1 级产品	被赋予定标参数的产品，指 1A 数据
2 级产品	经定标定位后的数据产品，指 1B 级数据
3 级产品	对 2 级产品进行边缘畸变校正，即为 3 级产品
4 级产品	对 3 级产品进行几何纠正，辐射校正，使图像具有统一的时间、空间、栅格表达
5 级及以上产品	根据需求对 4 级及以上的产品进行模型应用开发的产品

表 2-9 **MODIS 标准数据产品观测类型划分**

产 品	数 据 集	等 级
	定标数据产品	
MOD01	MOD01/原始辐射率	L1A
MOD02	MOD02KM/1km 定标辐射	L1B
	MOD02HKM/500m 定标辐射	L1B
	MOD02QKM/250 定标辐射	L1B
	MOD02OBC/星载定标和工程数据	L1B
MOD03	MOD03/1KM 经纬度坐标数据	L1A
	大气数据产品	
MOD04	MOD04_L2/气溶胶	L2
MOD05	MOD05_L2/可降水汽检测结果	L2
MOD06	MOD06_L2/云	L2
MOD07	MOD07_L2/温度和水汽轮廓	L2
MOD08	MOD08_D3/海日气溶胶、水汽和云	L3（1d）
	MOD08_E3/气溶胶、水汽和云 8 天合成	L3（8d）
	MOD08_M3/全球气溶胶、水汽和云月合成	L3（1m）
MOD035	MOD035_L2/250M 和 1KM 云覆盖和光谱检测结果	L2
	海洋数据产品	
MOD18	归一化离水辐射	L2/L3（1d）/L3（8d）
MOD19	色素浓度	L2/L3（1d）/L3（8d）
MOD20	叶绿素荧光	L2/L3（1d）/L3（8d）
MOD21	叶绿素 a 色素浓度	L2/L3（1d）/L3（8d）
	陆地数据产品	
MOD09	MOD09GHK/全球 500m 地表反射率	L2G
	MOD09GQK/全球 250m 地表反射率	L2G
	MOD09GST/全球 1km 地表反射率	L2G
	MOD09A1/全球 500m 地表反射率 8 天合成	L3（8d）
	MOD09Q1/全球 250m 地表反射率 8 天合成	L3（8d）
MOD11	MOD11_L2/地表温度、发射率	L2
	MOD11A1/全球 1km 地表温度、发射率	L3（1d）
	MOD11B1/全球 5km 地表温度、发射率 8 天合成	L3（8d）
	MOD11A2/全球 1km 地表温度、发射率 8 天合成	L3（8d）
MOD12	MOD12Q1/全球 1km 土地搜索类型 96 天组合	L3

产　品	数　据　集	等　级
MOD13	MOD13A1/全球 500m 分辨率植被指数 16 天合成	L3
	MOD13A2/全球 1km 分辨率植被指数 16 天合成	L3
	MOD13Q1/全球 250m 分辨率植被指数 16 天合成	L3
MOD14	MOD14/1km 分辨率温度异常/火	L2
	MOD14A1/每日全球 1km 温度异常/火	L3
	MOD14A2/全球 1km 温度异常/火 8 天合成	L3
	MOD14GD/每日全球 1km 温度异常/火	L2G
	MOD14GN/黑夜全球 1km 温度异常/火	L2G
MOD15	MOD15A2/全球 1km 叶面积指数/FAR8 天合成	L4
MOD17	MOD17A2/全球 1km 净光合作用 8 天合成	L4
MOD43	MOD43B1/全球 1km BRDF/反照率 16 天合成	L4
	MOD43B3/全球 1km 最小反照率 16 天合成	L4
	MOD43B4/全球 1km 调整至天顶角反射率 的 BRDF16 天合成	L4
MOD44	MOD44B/植被连续区域	L3

2.2.4 数据预处理

针对青藏高原地区的数据选择，本书自年积日 2010 年 1 天起至年积日 2020 年 001 天止的 10 年间，每间隔一周左右获取一组数据。针对九寨沟地震区的数据选择，本书自年积日 2017 年 3 天起至年积日 2018 年 102 天止，每间隔 7 天左右获取一组数据，共取得 67 组数据。

实验获取的数据以 MOD021km 为主，MOD03 的经纬度几何坐标校正数据集为辅，以期实现地表温度反演的劈窗算法。基于 MODIS 数据多波段的特点，地表温度的反演可以选择单通道法、多通道法和双温多通道法等反演方法。同时，在上文中查阅现有各方法的实验对比精度，本书选择以毛克彪、覃志豪等人提出的劈窗算法对研究区域进行温度反演，因为该算法在保证反演精度的同时，算法复杂度不高、参数较少且敏感性不高，同时，结合解杨春计算大气水汽时所用的分段拟合函数法求解大气水汽，以此保证反演精度和算法效率。

劈窗算法的原理是在 $10\sim13\mu m$ 的大气窗口内，两个相邻通道对大气吸收作用具有差异，并通过两个通道的测量值的各种线性组合来剔除大气的影响，从而反演出地表温度。劈窗算法流程如图 2-5 所示。

在劈窗算法计算流程中，首先，合理的简化 Planck 函数，利用热红外波段 31、32 波段中心值来反演地表亮度温度；其次，利用红色波段 1 和红外

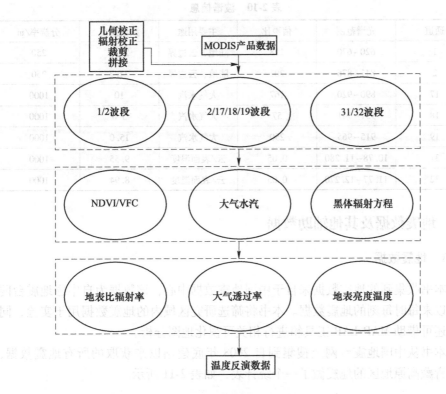

图 2-5 劈窗算法流程图

波段 2 之间的关系，得到归一化植被指数（*NDVI*），并根据 *NDVI* 阈值法设定全裸土和全植被的 *NDVI* 值，计算植被覆盖度 VFC 将不同地物分开，并计算出地表比辐射率；然后，利用红外波段 2 和大气水汽波段 17、18、19 来获得大气水汽，通过水汽和大气透过率的模拟方程，计算出大气透过率；最后，利用地表比辐射率和大气透过率修正地表亮度温度，得到更为接近真实地表温度的温度值。

其中，MOD021KM 数据是经过大气校正的数据，为了能获取劈窗算法中的大气水汽、地表比辐射率、亮度温度三个参数，需要获取取出每组数据中的 1、2、17、18、19、31、32 波段信息，如表 2-10 所示，经几何校正、组合、拼接裁剪之后输出为 *.tiff 格式数据，并统一命名为"地名简称+年+年积日"，如：JZG2017220 表示的就是九寨沟县的在 2017 年的第 220 天。这种统一标号的目的是为了在程序代码的运行中，通过索引 ID 进行变量计算的控制，可有效提高程序代码的计算效率。

本书基于 Matlab、ENVI-IDL 环境编写程序，根据以上步骤得出的时序数据集，以期实现时序温度场数据的反演，以及时序温度场数据的挖掘与分析。

表 2-10　波谱信息

通道	光谱范围	信噪比	主要用途	频谱强度	分辨率/m
1	620~670	128	陆地、云边界	21.8	250
2	841~876	201	陆地、云边界	24.7	250
17	890~920	167	大气水汽	10	1000
18	931~941	57	大气水汽	3.6	1000
19	915~965	250	大气水汽	15.0	1000
31	10.78~11.280	0.05	云/表面温度	9.55	1000
32	11.77~12.270	0.05	云/表面温度	8.94	1000

2.3　地震数据及其他辅助数据

2.3.1　地震数据

　　本书收集到的地震数据来自于中国地震数据中心，该数据为自中国地震台网建成以来每时每刻的地震数据。本书将筛选研究区域内的地震数据用于实验，同时，还可借助 MAP-LAB 工具箱进行相关可视化地图分析。

　　本书从中国地震台网上搜集到自 2008 年底建站以来获取的所有地震数据，并对青藏高原地区的地震做了一个统计表，如表 2-11 所示。

表 2-11　地震数据列表

震级/地区	0~1	1~2	2~3	3~4	4~5	5~6	6~10	总计
QZGY	110769	42636	10044	2029	791	107	25	166401
world	320465	132481	27677	6272	23357	12869	1361	524482
比例/%	34.57	32.18	36.29	32.35	3.39	0.83	1.84	31.73
全球同比率	705.13	656.53	740.32	659.94	69.09	16.96	37.47	647.23

　　如表 2-11 所示，近 12 年来青藏高原地区发生了 166401 次地震，全球发生了 524482 次地震，尤其是青藏高原地区在面积上仅仅占全球 0.049% 以及全球陆地面积的 0.168%，但是其地震发生率高达 31.73%，相对于平均地震次数面积而言，该地的地震发生率是其他地区的 647 倍，尤其是在 4 级以下的地震而言，均高于 32% 的发生比例，其全球同比率也高于 650 倍，而且该处的大地震也同比率高出几十倍有余。如表 2-11 所示，知道该研究区的地震异常活跃，需要密切关注。

　　如图 2-6a 所示，将近 10 年研究区域内发生地震的震级做可视化处理并分析，由图可知，在西藏中西部、中北部、西南部、南部沿喜马拉雅山地区以及南偏东部是主要大地震的孕育发生地区，在西藏西北部以及新疆西南地区中型地震云集，在云、贵、川以及甘肃的边缘地带、西藏中部，以中小型地震为主，且与地震带的分布相关性极高。图2-6b为2.5D插值渲染图，相比于图2-6a所示，更加清楚明了，也能明显看到九寨沟地震、青川地震、玉树地震等大型地震的分布区域。

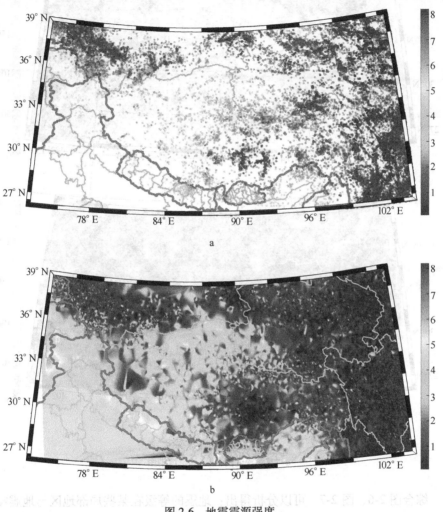

图2-6　地震震源强度

a—震源深度图；b—插值渲染图

　　如图2-7a所示，将近10年研究区域内发生地震的震源深度做可视化处理并分析，由图2-7a可知，该研究区内的大部分地震震源深度在5~35km的深度，极少部分能超过50km的深度，不过在云贵川的边缘地带有些深度可达35~50km，在西藏西北部以及新疆西南地区，其震源深度有一部分较为集中的分布在50~200km。图2-7b为2.5D插值渲染图，相比于图2-7a所示，能明显看到昆仑山一带的地震震源深度较其他地区更深。

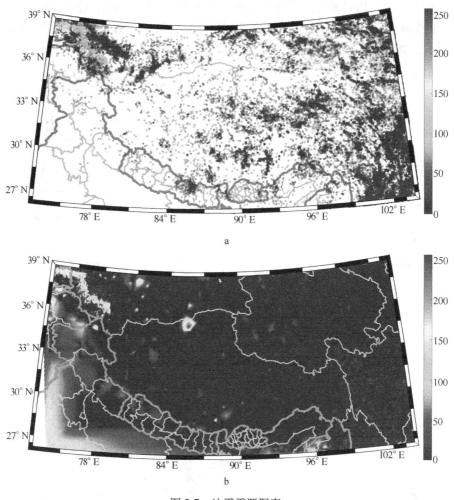

图 2-7　地震震源深度

a—震源深度图；b—插值渲染图

　　综合图 2-6、图 2-7，可以分析得出：地震的等级在某些局部地区与地震震源深度有关系，但从整体分析上看，其线性相关性并不明显，因此，在具体分析中此处数据可作为非线性模型的数据源之一进行相关测试。

2.3.2　中国日值气象数据

　　基于中国气象数据网所提供的免费数据集——中国地面国际交换站气候资料日值数据集（V3.0），包含了中国 166 个站点 20 世纪 50 年代初以来的气压、气温、降水量、蒸发量、相对湿度、风向风速、日照时数和 0cm 地温要素的日值数据，在数据集中 PRS-10004 表示站点气压、TEM-12001 表示气温、RHU-13003 表示相对湿度、PRE-13011 表示降水、EVP-13240 表示蒸发、WIN-11002 表示风向风速、SSD-14032 表示日照、GST-12030-0cm 表示 0cm 地温。

其中站点气压文件内容如表 2-12 所示。

表 2-12 站点气压文件表

序列号	含 义	单 位
1	区站号	
2	纬度	(度、分)
3	经度	(度、分)
4	观测场海拔高度	0.1m
5	年	年
6	月	月
7	日	日
8	平均本站气压	0.1hPa
9	日最高本站气压	0.1hPa
10	日最低本站气压	0.1hPa
11	平均本站气压质量控制码	
12	日最高本站气压质量控制码	
13	日最低本站气压质量控制码	

其中站点气温文件内容如表 2-13 所示。

表 2-13 站点气温文件表

序列号	含 义	单 位
1	区站号	
2	纬度	(度、分)
3	经度	(度、分)
4	观测场海拔高度	0.1m
5	年	年
6	月	月
7	日	日
8	平均气温	0.1℃
9	日最高气温	0.1℃
10	日最低气温	0.1℃
11	平均气温质量控制码	
12	日最高气温质量控制码	
13	日最低气温质量控制码	

其中站点相对湿度文件内容如表 2-14 所示。

表 2-14　站点相对湿度文件表

序号	中文名	单　位
1	区站号	
2	纬度	（度、分）
3	经度	（度、分）
4	观测场海拔高度	0.1m
5	年	年
6	月	月
7	日	日
8	平均相对湿度	1%
9	最小相对湿度（仅自记）	1%
10	平均相对湿度质量控制码	
11	最小相对湿度质量控制码	

其中站点降水文件内容如表 2-15 所示。

表 2-15　站点降水文件表

序号	中文名	单　位
1	区站号	
2	纬度	（度、分）
3	经度	（度、分）
4	观测场海拔高度	0.1m
5	年	年
6	月	月
7	日	日
8	20~8 时降水量	0.1mm
9	8~20 时降水量	0.1mm
10	20~20 时累计降水量	0.1mm
11	20~8 时降水量质量控制码	
12	8~20 时累计降水量质量控制码	
13	20~20 时降水量质量控制码	

其中站点蒸发文件内容如表 2-16 所示。

表 2-16 站点蒸发文件表

序号	中文名	单 位
1	区站号	
2	纬度	(度、分)
3	经度	(度、分)
4	观测场海拔高度	0.1m
5	年	年
6	月	月
7	日	日
8	小型蒸发量	0.1mm
9	大型蒸发量	0.1mm
10	小型蒸发量质量控制码	
11	大型蒸发量质量控制码	

其中站点风向风速文件内容如表 2-17 所示。

表 2-17 站点风向风速文件表

序号	中文名	单 位
1	区站号	
2	纬度	(度、分)
3	经度	(度、分)
4	观测场海拔高度	0.1m
5	年	年
6	月	月
7	日	日
8	平均风速	0.1m/s
9	最大风速	0.1m/s
10	最大风速的风向	16方位
11	极大风速	0.1m/s
12	极大风速的风向	16方位
13	平均风速质量控制码	
14	最大风速质量控制码	
15	最大风速的风向质量控制码	
16	极大风速质量控制码	
17	极大风速的风向质量控制码	

其中站点日照时数文件内容如表 2-18 所示。

表 2-18　站点日照时数文件表

序号	中文名	单　位
1	区站号	
2	纬度	（度、分）
3	经度	（度、分）
4	观测场海拔高度	0.1m
5	年	年
6	月	月
7	日	日
8	日照时数	0.1h
9	日照时数质量控制码	

其中站点 0cm 地温文件内容如表 2-19 所示。

表 2-19　站点 0cm 地温文件表

序号	中文名	单　位
1	区站号	
2	纬度	（度、分）
3	经度	（度、分）
4	观测场海拔高度	0.1m
5	年	年
6	月	月
7	日	日
8	平均地表气温	0.1℃
9	日最高地表气温	0.1℃
10	日最低地表气温	0.1℃
11	平均地表气温质量控制码	
12	日最高地表气温质量控制码	
13	日最低地表气温质量控制码	

通过表 2-12~表 2-19 中表示的站点数据，可以辅助性检验地表温度反演的正确性，同时也可以应用于地震影响因素的计算分析中，以上数据有中国气象数据网中的国际交换站提供，虽然时效性很好，但是由于中国的站点数有 160 余个，在实际应用方面还有所欠缺。

2.3.3 地形地貌数据

除了气象数据之外，数字地形高程 DEM 也是一种可广泛应用的辅助性数据，由于不同地形高度、坡度、不透水面属性以及太阳高度角等因素的不同，会使得地表的温度出现明显的差异性，通过分析研究区地表的高程分布，也可以用于地表反射、散射、吸收热感和潜热分析。区域内的地表数字高程模型图，也是我国的海拔分布，从图中能够看出，整个青藏高原平均海拔超过 4000m，除了喜马拉雅高山群落以及宁夏盆地的海拔差距较大外，其余地区的海拔差距均处于 4000~5000m 之间，这使得在该区域的大尺度的研究中所产生的误差不会因为 DEM 影响变得突兀，尤其是在温度场的扩散研究中，在地形变化不大的地方，其扩散模型就可以从三维模型简化为二维模型，将会大大提高计算效率。

如图 2-8 所示，该研究区域内的海拔高度主要分布在 2400~5800m 之间的区域，尤其是在 4000~5000m 这个区间则更为集聚，在主要的中部和西南部份的海拔平局在 4500m 左右，变化率较为平缓，地表覆被均为常年雪山、低矮植被或碎石裸地。相比而言，在青藏高原与云贵川的交界处，其山川茂林，不仅地表覆被复杂，而且山川河流交错，某些地势险要、地形复杂、地图高低起伏变化较大，且有断崖式地貌出现的区域，对灾害的应急响应有所影响。除此之外，还有北部及东北部的青海湖一带，其平缓地区的地震发生率较小，但在该区域的边缘地带—海拔变化率较大的边缘区域，也是中小型地震的集聚地，尤其是在该地区以南的一些区域。

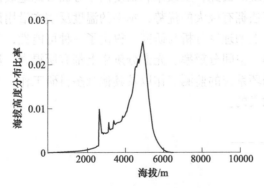

图 2-8 研究区海拔高度分布图

2.3.4 中国断裂带分布数据

对比图 2-6 和图 2-7，不难发现地震震源中心的分布与地震断层分布的相关性非常的高，但地震断裂带的分布也是错综复杂，大小交错，需要以非线性手段进行分析之后才能被利用。

2.4　本章小结

在本章中，承接绪论中的研究背景意义及研究目标，首要目标是获得可用于研究的基础时序温度场数据，因此，理论基础的扎实以及算法的可靠性非常重要。由此，本章，从以下 3 个方面进行表述，首先，在第 2.1 小节中，介绍了现有的严谨缜密的理论基础，以此作为本书的数据基础支撑，同时，还对现有的温度反演算法进行了介绍和推导，并且在劈窗算法的重要参数求解中做了详细的描述。然后，在第 2.2 小节中，对研究区域概况及 MODIS 数据进行了相关展示，指明了本书研究基础中的研究区域以及数据基础，解释了为什么要选择该研究区域作为研究点进行研究，表述了温度反演基础数据的选择以及详细地描述了该数据的分类、用途，以及本书中的数据处理流程，这部分使得时间序列温度场数据更具有现实意义。最后，在第 2.3 小节中，表述了在研究区域中近 10 年来的地震分布数据以及相应的日值气象数据、地形地貌数据以及断裂带分布数据等，以地震数据为整体分析及其他辅助性数据为补充分析，更加丰富了本书的实验，也使得本书的实验方案更具有可行性，为长时间序列温度场时空特征变化研究分析服务。

孟凡影在文献［71］中对比了各劈窗算法的 MODIS 地表温度反演精度，结果表明覃志豪等人的劈窗算法在各种情况下都能具有很高的反演精度，同时该模型只与两个因素有关。虽然有些算法的精度较高，但这些方法的算法复杂度极高，不利于程序实现。因此，从效率和精度两个方面考虑地表温度反演算法，则覃志豪等的劈窗算法拥有极大的优势，本书的温度反演亦沿用该方法。

同时，经过以上的理论分析与研究，得出了一种可能性，如果后期能让遥感影像在时间分辨率、空间分辨率、光谱分辨率上都有所提高，那么就有可能实现实时性的地气热循环系统的监测工作以及其他众多科研工作，这对全球变化科学是具有重大研究意义的。

参 考 文 献

［1］CEDC. The data set is provided by China Earthquake Data Center.

［2］Mengmeng W. Methodology Development for Retrieving Land Surface Temperature and near Suface Air Temperature Based on Thermal Infrared Remote Sensing ［D］. Beijing：University of Chinese Academy of Sciences，2017.

［3］赵英时 . 遥感应用分析原理与方法［M］. 北京：科学出版社，2003.

［4］梅新安 . 遥感导论［M］. 北京：高等教育出版社，2013.

［5］Mao K，Qin Z，Shi J，et al. A practical split-window algorithm for retrieving land-surface temper-

ature from MODIS data 〔J〕. International Journal of Remote Sensing, 2005, 26 (15):
3181~3204.

〔6〕 Becker F. The impact of spectral emissivity on the measurement of land surface temperature from
a satellite 〔J〕. International Journal of Remote Sensing, 1987, 8 (10): 1509~1522.

〔7〕 Sobrino J, Coll C, Caselles V. Atmospheric correction for land surface temperature using NOAA-
11 AVHRR channels 4 and 5 〔J〕. Remote Sensing of Environment, 1991, 38 (1): 19~34.

〔8〕 Wan Z LZL. A physics-based algorithm for retrieving land-surface emissivity and temperature from
EOS/MODIS data 〔J〕. IEEE Transactions on Geoscience & Remote Sensing, 1997, 35 (4):
980~996.

〔9〕 EOS. Earth Observing System, https://eospso. nasa. gov/content/nasas-earth-observing-system-pro-
ject-science-office.

〔10〕 徐希孺. 遥感物理 〔M〕. 北京: 北京大学出版社, 2005.

〔11〕 Sobrino J A , Juan C. Jiménez-Muñoz. Land surface temperature retrieval from thermal infrared
data: An assessment in the context of the Surface Processes and Ecosystem Changes Through Re-
sponse Analysis (SPECTRA) mission 〔J〕. Journal of Geophysical Research Atmospheres,
2005, 110 (D16103) .

〔12〕 Sobrino JA, Jiménez-Mu? oz JC, Sòria G, et al. Synergistic use of MERIS and AATSR as a
proxy for estimating Land Surface Temperature from Sentinel-3 data 〔J〕. Remote Sensing of
Environment, 2016, 179: 149~161.

〔13〕 Rozenstein O, Qin Z, Derimian Y, et al. Derivation of Land Surface Temperature for Landsat-8
TIRS Using a Split Window Algorithm 〔J〕. Sensors, 2014, 14 (4): 5768~5780.

〔14〕 解杨春. 基于 MODIS 数据探讨玉树 Ms7.1 级地震前后地表温度变化 〔D〕: 中国地震局
地震研究所, 2012.

〔15〕 Piretzidis D, Sideris MG. MAP-LAB: A MATLAB Graphical User Interface for generating maps
for geodetic and oceanographic applications. Poster presented at the International Symposium on
Gravity, Geoid and Height Systems 2016, Thessaloniki, Greece, 2016.

〔16〕 孟凡影. 基于 MODIS 数据的地表温度反演方法 〔D〕. 东北师范大学, 2007.

3 温度场时空特征数据挖掘

《《《

  根据第 2 章中所表述的研究思路，研究主体的重点之一就是时序温度场数据库的建立以及利用，再结合目前劈窗算法在精度和效率方面的优势，对时序标准 MODIS 数据进行反演。同时，紧随本研究的主题，对温度场数据进行挖掘和利用，并分析特征值与地震之间的关系，分析特征值是否具备地震预测能力。

  本章节旨在对时序温度场数据的特征选取与分析，首先要表明的是：选取的特征值是从统计描述与场论描述两个方面入手，同时并不能保证选取的特征值不受其他外因的影响，只是力求通过特征值作为中间媒介将时序地表温度场与地震的相关信息放大，同时，基于信息论中的判别法则提取相关性更大的特征值，如贝叶斯判别法、小波分析、傅里叶变换等，然后，再对以上特征值进行模型的验证，确认特征值的有效性与实用性。

3.1 地表温度提取

  地表温度提取与分析的流程如图 3-1 所示，在劈窗算法的计算中，其中标准数据集 MOD02KM 为基础，MOD03 为几何坐标纠正数据集，通过这两个数据集即可获得劈窗算法的 3 个参数，为了控制反演算法的质量，还需要 MOD11A1 和气象站点数据进行辅助质量控制，即保证检验验证计算过程中不会出现科学计算累计误差溢出的情况。

  经由温度反演在时间上和空间上的表现，即可获得一个时间序列的温度场数据集，然后，可以在此基础上对该数据集进行数据挖掘、检验、验证和利用。

3.2 高阶统计时空特征分析

  在地震温度场的研究中，有不少极具物理意义的统计量。为了更好地说明温度场的变化，必须建立归一化物理量并分析其变化规律。这些物理量可以从统计描述和场论描述中发掘，本书使用的统计描述量有平均温度、温度信息熵、加权温度信息熵等，场论描述量有温度场梯度以及温度场拉普拉斯算子等。

  平均温度：本书的平均温度是指对某一期数据进行温度反演，各像元点地温值的算术平均值，表达式为：

$$T_{\text{mean}} = \sum_{1}^{n} T_s / n \tag{3-1}$$

式中，T_{mean} 为所有像元点的等权求和值，包含了温度发生异常的信息，而且基于多时像的 T_{mean} 能反映该地区的整体温度变化规律。

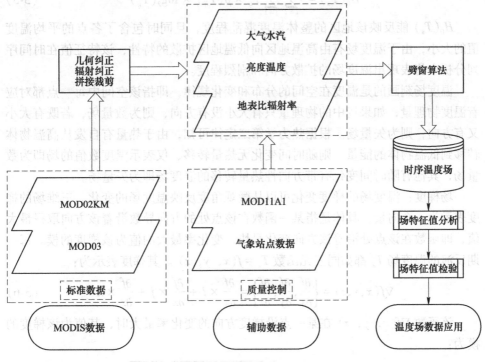

图 3-1 温度场反演过程图

温度信息熵、加权温度信息熵：1948 年，香农提出了"信息熵"的概念，解决了信息的量化度量问题。热力学中热熵是指表示分子状态混乱程度的物理量，香农则是用信息熵的概念来描述信源的不确定度。信息熵计算公式为：

$$H(X) = -\sum_{i=1}^{n} p(x_i) \log_2(x_i) \tag{3-2}$$

赵红蕊等人在研究中指出目前遥感影像的变化检测一般是基于两个时相，不能充分地反映相关特征在时间维度上的连续变化情况。本书基于赵红蕊等提出的时间序列信息熵的创建方法，建立适合温度变化序列的温度信息熵 $H(T_s)$，其表达式：

$$H(T_s) = -\sum_{i=1}^{n} \sum_{j=1}^{m} p(T_{ij}) \log_2(T_{ij}) \tag{3-3}$$

式中，T_{ij} 是经归一化处理过归一化，再离散为 256 份的含温度信息的值；T_{ij} 表达式为：

$$T_{ij} = \frac{255 \times (T_{s_{ij}} - \min(T_{s_{ij}}))}{\max(T_{s_{ij}}) - \min(T_{s_{ij}})} \tag{3-4}$$

同理建立加权温度信息熵 $H_0(T_s)$，其表达式为：

$$H_0(T_s) = -\sum_{i=1}^{n} \sum_{j=1}^{m} T_{ij} \times p(T_{ij}) \times \log_2(T_{ij}) \tag{3-5}$$

$H_0(T_s)$ 能反映该地区的整体温度混乱程度，且同时包含了各点的平均温度值的大小，由于温度场有由高温地区向低温地区扩散的特性，该特征值在时间序列分析中将表现出温度场的扩散方向和剧烈程度。

温度场刻画的是温度在空间的分布和变化规律，即指该空间中每一点都对应着温度物理量，如果场中的物理量只有大小没有方向，则为数量场，若既有大小又有方向，则为矢量场。根据热力学第二定律可知，由于热量有自发从高温物体转移到低温物体的能量，则随时间变化无热量转移、仅表示温度数值的场即为数量场，其他有随时间变化有带方向性热量转移的温度场即为矢量场。

场梯度：温度场的梯度变化可以从微观角度反映温度场的变化。三维场的梯度表示为一个向量，具体是指某一函数在该点处的方向导数沿着该方向取得最大值，即函数在该点处沿着该方向变化最快，变化率最大的值为该梯度的模。每一期反演的温度场 T_s 都如同三元函数 $T_s = f(x, y, z)$。其梯度表示为：

$$\nabla f(x,y,z) = \left\{\frac{\partial f}{\partial x}, \frac{\partial f}{\partial y}, \frac{\partial f}{\partial z}\right\} = \frac{\partial f}{\partial x} \times \boldsymbol{i} + \frac{\partial f}{\partial x} \times \boldsymbol{j} + \frac{\partial f}{\partial z} \times \boldsymbol{k} \tag{3-6}$$

该函数 $\nabla f(x, y, z)$ 在某一点沿梯度方向的变化率最大时，其值为该梯度的模为：

$$\left| \nabla f(x,y,z) \right| = \sqrt{\left(\frac{\partial f}{\partial x}\right)^2 + \left(\frac{\partial f}{\partial y}\right)^2 + \left(\frac{\partial f}{\partial z}\right)^2} \tag{3-7}$$

如果在计算时不考虑在 z 方向的梯度变化，即简化为二维梯度模：

$$\left| \nabla f(x,y) \right| = \sqrt{\left(\frac{\partial f}{\partial x}\right)^2 + \left(\frac{\partial f}{\partial y}\right)^2} \tag{3-8}$$

其中数量场梯度的基本运算如式（3-9）所示。

$$\begin{cases} \nabla[f(x) \pm g(x)] = \nabla[f(x)] \pm \nabla[g(x)] \\ \nabla[f(x) \cdot g(x)] = [\nabla f(x)] \cdot g(x) + f(x) \cdot [\nabla g(x)] \\ \nabla f(g(x)) = f'(x) \cdot [\nabla g(x)] \end{cases} \tag{3-9}$$

拉普拉斯算子：拉普拉斯算子是 n 维欧几里得空间中的一个二阶微分算子，定义为梯度的散度，即点乘梯度，其表达式为：$\Delta f = \nabla^2 f = \nabla \cdot \nabla f$。三维空间笛卡尔坐标系下的拉普拉斯算子 Δf 为：

$$\Delta f = \frac{\partial^2 f}{\partial x^2} + \frac{\partial^2 f}{\partial y^2} + \frac{\partial^2 f}{\partial z^2} \tag{3-10}$$

拉普拉斯算子 Δf 表示梯度场的散度，从数学的角度讲，Δf 是研究温度梯度场的重要参数。散度用于表征空间各点矢量场发散的强弱程度，它对应的性质是一个封闭区域表面的通量。

梯度场的旋度：梯度的旋度是一个向量算子，可以表示向量场对某一点附近的微小单元造成的旋转程度，即表示该点是发散还是收敛。具体表示为叉乘梯度，其表达式如式（3-11）所示。

$$\nabla \times \nabla f = \left(\frac{\partial^2 f}{\partial y^2} - \frac{\partial^2 f}{\partial z^2} \right) \cdot \boldsymbol{i} + \left(\frac{\partial^2 f}{\partial z^2} - \frac{\partial^2 f}{\partial x^2} \right) \cdot \boldsymbol{j} + \left(\frac{\partial^2 f}{\partial x^2} - \frac{\partial^2 f}{\partial y^2} \right) \cdot \boldsymbol{k} \tag{3-11}$$

格兰杰因果关系检验：本书所选用温度场特征值符合时间序列，按时间先后顺序排列的特征值的记录，是一种有序的结构化数据。由于温度场具有热量转移的特点，本书基于时间序列分析各县区的特征值时，需要考虑相邻区域的县区的特征值传递效应。在时间序列处理领域中，格兰杰因果关系可以做因果关系预测。

格兰杰因果检验是一种受约束的 F 检验，满足两个变量可使用格兰杰因果检验的先验条件是序列具有因果关系，从数据的角度讲是：两变量的平稳性且变量间存在协整的关系。目前一般只需要通过 ADF 单位根检验即可进行格兰杰因果检验，在 Matlab 计算中只需要先进行差分计算，再调用 adftest 函数即可判断完成 ADF 单位根检验，若返回 1 则通过，否则不通过，其检验流程需要从 3 这种情形上进行估计判断，因此，本书不再赘述，可实用于文献［1］中的检验流程。

因此，在给定两个区域的时间序列 x 和 y，使用 x 的历史信息对 x 进行预测没有 y 的历史信息对 x 预测的结果好，则称 y 是 x 的格兰杰原因。文章中可以依次对各县、区等相邻小区域的特征值进行格兰杰因果关系检验，以此判断出个各县区特征值的转移规律和时间延迟特性。

二阶扩散微分方程：由于温度场各点的温度是非均匀分布，因此热量将从温度高的地方向温度低的地方转移，这与格兰杰因果检验有异曲同工之妙。扩散方程研究的是温度在时空序列中的变化 $u(x, y, z, t)$，格兰杰检验研究的是时间序列因果关系。温度场不均匀的程度可以用温度梯度表示，温度变化的强弱可以用热流强度表示，即单位时间通过单位横截面积的热量。基于格兰杰检验的结果作为基准，对多时相温度场建立三维温度场扩散模型：

$$\frac{\partial u}{\partial t} - a^2 \Delta_3 u = f(x, y, z, t) \tag{3-12}$$

再对该温度场扩散模型进行改进，建立了一种差分温度场扩散模型，该模型利用时域相邻两期数据反求异常温度场，并基于温度场的变化推演出时序特征值出现异常的时空特征。为了定性的分析温度扩散模型的作用，本书对模型进行了简化。简化的过程为将原三维扩散模型转化为仅仅在 x, y 方向上传播的二维扩散模型，在此省略了 z 方向的传播，简化后的扩散方程及变形式为：

$$\begin{cases} \partial u/\partial t - a^2\Delta_3 u = f(x,y,t) \\ f(x,y,t) = -a^2\Delta_3 u + \partial u/\partial t \end{cases} \tag{3-13}$$

式中，$\Delta_3 u$ 为二维梯度场的散度，即二维拉普拉斯算子；a^2 为传播系数，于场中的物理参数有关，诸如：DEM、风向、风力、降水等地形地貌及气象因子，如果为了方便计算可设置为常数 1；$\partial u/\partial t$ 为温度场对时间的偏导数，即为温度场在时序上的变化；$f(x,y,t)$ 为该温度场中自发突变热源的温度场，该场也包含了突发热源在 x,y 方向上的传播以及随时间序列的变化。

$$u = u_a + f_0$$
$$\Delta u = \nabla \cdot \nabla u = \nabla \cdot (\nabla u_a + \nabla f_0) = \Delta u_a + \Delta f_0$$
$$\partial u/\partial t = \partial u_a/\partial t + \partial f_0/\partial t$$
$$f_0(x,y,t) = -a^2\Delta_3 u + \partial u/\partial t$$
$$f_0 = -a^2 \cdot (\Delta u_a + \Delta f_0) + \partial u_a/\partial t + \partial f_0/\partial t \tag{3-14}$$
$$\partial f_0/\partial t - f_0 = a^2 \cdot \Delta f_0 + a^2 \cdot \Delta u_a - \partial u_a/\partial t$$
$$Q(t) = a^2 \cdot \Delta f_0 + a^2 \cdot \Delta u_a - \partial u_a/\partial t$$
$$f_0 = e^t \cdot \left(\int Q(t) e^{-t} dt + C \right)$$

如式（3-14）所示，将获取的温度场 u 分为真实温度场 u_a 与突发热原温度场 f_0 的叠加态，经过变形及简化，发现突发热源温度场在时间上的传播扩散与真实温度场在时间上的传播有关，因此，由简化模型可知，仅需分析随时间序列的突变温度场的变化情况，即选择最优物理描述量对该突变温度场的各点位进行相应的分析，便可以通过特征值的变化发现并指出温度场异常点点位。

3.3　时空特征序列选取

正如本章的第 2 小节中的公式分析以及相关推到类似，在本研究中，反演所得的时序温度场数据被当作为一个集合体，且该数据中相邻两期之间是存在较强的信息传输以及交换过程的，间隔时间越短这种关联越趋于连续变化，从广义上讲，对时序温度场特征值的变化分析就是统计信号分析与处理的一种变形式，除了构成"信号"的形式不同之外，其分析及处理方法均可以通用。

例如：已知一个温度场 u 分为真实温度场 u_a 与多个突发热原温度场 f_0 的叠加态，如果时序温度场的连续性很好，那么对于这样的一个真实温度场而言，其就是类似于以整日、整旬、整月、整季、整年等为单位周期变化的信号系统，然而对于突变温度场而言，如地震，爆炸，山火，火山爆发以及一些人为活动等，这些不具有规律性变化的热源，就如同干扰噪声一样，同时这种干扰如同蝴蝶效应一般，在温度场的变化传播中还会反向回馈整个系统，使得被干扰的系统的回波尖峰出现时间和空间上的误差。

正如以上分析的一样,如果某特征值的回波误差在空间偏移不太大且在时间上是正向的偏移误差,那么在实际情况中就表现为先兆信号,反之,则表现为事后信号。

综上所述,可以将时序温度场数据中的某特征值变化问题转化为离散时间的随机信号表征及其相关问题,以此来进行时空特征分析。同时,正如3.2小节中给出的统计量所表示的物理意义一样,对于随机序列而言,虽然在任何时刻点上的取值都是不能先验获取的,但在先验不确定的过程中却包含了一些确定的,具有物理意义的统计规律存在,同时,除去为了获取某时刻点的变化规律,有时候还需要获取各不同点间的变化及关联性,因此,使用高阶统计特征来进行表征是必不可少的。

时序温度场数据的特征值空间是一个非常奇特的随机序列,相比与一维时序信号而言,其相当于二维时序信号,再加之相邻空间的能量传递交换性,又可变化为三维时序信号,如图3-2所示,因此,本书在后续的研究过程中,会将大部分复杂关系简化,以突显该方法的优越性以及普适性。

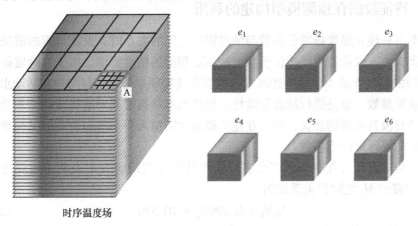

时序温度场

图3-2 时序温度场随机信号简化图

如图3-2所示,A为时序温度场中的某一个区域,其间有众多像元点,在重采样的帮助下保证每一期的某一像元点在时序上是同一地点的值,这样的单一值所组成的时序就为一维随机序列信号,对于二维时序信号处理方法而言,通常使用统计特征表达的降维方式进行处理,形如图中的统计特征 e_1、e_2、e_3、e_4、e_5、e_6 所示。不同的特征值具有不同的随机信号表现,不同关联性的特征值在随机序列信号中的表征不同,因此,不可能全部都选,也不可以随机选,那么这就涉及到了时空特征序列的选取问题了。

对于一个已知的随机信号而言,其功率谱密度函数与自相关函数是普遍使用和极为重要的存在，而且他们是一个傅里叶变换对，可以从不同域表征该信号的随机过程中最为本质的性质。

在实验中，由于收集数据的范围不是无穷无尽的，在整个时间尺度上，所收集到的数据只能算是局部样本数据，这种由部分样本推断整体规律的统计推断不可能是完全可靠及精确的，因此，最好的方式是以概率形式进行表达，在多篇文献章均表明，贝叶斯判别方法是处理该问题的重要理论基础及框架，这在文献[6] 中有明确推到和验证，诸如：最大后验法、最大似然法、MMSE、MAVE 等方法，以此推断和判别随机信号系统中的变异点。在局部推整体的过程中，还有搜索算法的优化、数据建模、系统辨识以及自适应处理等重要操作步骤，尤其是局部数据的质量情况。

综上所述，对统计数据的质量要求对结果将会有较大影响，选择质量好的特征值序列不仅能有效降低误差影响，还能提高程序运算效率，且在时空序列的选取中需要进行实际地点的验证以及检验，以此保证选取的时空特征序列的有效性。

3.4　特征数据在预测模型构建的利用

本书在建立温度场特征参数与地震震级之间的关系时，发现地震的震级与诸多因素有关，仅靠温度场特征参数无法满足预测的精度要求。由于在地震研究中 b 值作用极大，b 值不仅是描述区域内地震震级和频率分布特征与地震活动水平关系的重要参数，也是进行地震危险性分析的基本参数，其对地震活动性和地质构造描述有极其重要的意义，因此在建立模型时需加入一个既包含 b 值又与地震等级相关的统计量作为参数。

康萌等人在对九寨沟地震余震的震源特征参数的研究中表明：地震矩对数 $\lg M_0$ 与震级 M_1 之间的关系式为：

$$\lg M_0 = 0.996 M_1 + 10.370 \tag{3-15}$$

矩震级 M_w 与震级 M_1 之间的关系式为：

$$M_w = 0.686 M_1 + 0.756 \tag{3-16}$$

矩震级越大震源破裂尺度越大。

孙红云在对非线性混合模型在地震震级-频率分布的研究中得出地震的震级-频率模型中拟合效果最佳的是包含幂函数、高斯函数的混合模型，该模型可表示为：

$$M_\varphi = a - b M_w - c M_0 \tag{3-17}$$

式中，M_φ 是地震累计频数；M_w 是矩震级；M_0 是地震矩。通过查表可知本次研究区域为全球第 41 个地震片区，其标号为 E-Asia，其网格化的参数为 $a = 7.394$，$b = 0.889$，其相关系数 $R^2 = 0.964$。因此，引用非网格化参数，建立地震累计频数与地震等级之间的关系，可表示为：

$$M_\varphi = 6.722 - 0.6099M_1 \tag{3-18}$$

再建立温度场特征参数与地震累计频数之间的关系，将地震累计频数计算为地震等级公式：

$$M_1 = 11.02 - 1.640M_\varphi \tag{3-19}$$

多元线性预测模型：首先，以多元线性回归的方式建立回归模型，分析其拟合精度的变化情况以及 F 分布的检验关系，由此得出本书所选择温度场特征值与发生地震之间是否存在着一种线性或者非线性的关系，并由此分析特征值的关联度，得出各特征值的权重，最终以此多元线性回归方程作为预测模型。

优化神经网络预测模型：同时，鉴于多元线性回归模型的关联简单，无法真实、精确的反映特征值与地震的相关性，因此需要建立一种较为复杂的预测模型。又因为 BP 神经网络在预测中时常出现预测值震荡的现象，所以采用基于粒子群算法对传统 BP 神经网络进行优化。通过分析温度场时空特征，找到异常特征值，并以此特征值作为该网络的输入训练集，以在该区域内发生的地震级别作为网络输出训练集，通过训练建立这些特征值的关联。

优化 SVM 预测模型：复杂的预测模型有很多，本书为了能与优化的神经网络预测模型做相应的对比，建立优化 SVM 预测模型，以优化输入参数 $-c$ 和 $-g$ 后的 SVM 模型进行预测，并将预测结果和神经网络预测结果做对比，同时，还可以分析不同种算法结果的优缺点。

时间序列分析：时间序列即是按时间先后顺序排列的随机序列，时间序列分析就是根据一个时间序列的有序数据之间相互关联的信息，以概率统计法建立定量数学模型，并由此模型对系统做出预报。

其中，设 $\{X_t\}$ 为平稳时间序列，则 p 阶自回归 q 阶滑动平均的混合模型 ARMA(p, q) 序列为：

$$X_t - \varphi_1 X_{t-1} - \cdots - \varphi_p X_{t-p} = a_t - \theta_1 a_{t-1} - \cdots - \theta_q a_{t-q}$$
$$\begin{cases} \varphi(B) \cdot X_t = \theta(B) \cdot a_t \\ \varphi(B) = 1 - \varphi_1 B - \cdots - \varphi_1 B^p \\ \theta(B) = 1 - \theta_1 B - \cdots - \theta_1 B^q \end{cases} \tag{3-20}$$

如式（3-20）所示，其中 B 为一步延迟算子，B^p 为 p 步延迟算子。

时间序列模型的定阶遵循 AIC 准则，其定义如下：

$$\text{AIC}(n,m) = \ln(\hat{\sigma}_a^2) + 2(n+m+1)/N$$
$$\text{AIC}(p,q) = \min_{0 \le n,m \le L}(\text{AIC}(n,m)) \tag{3-21}$$

式中，$\hat{\sigma}_a^2$ 为 σ_a^2 的最大似然估计；L 为预定最高阶数，保证 AIC(n, m) 最小的

n，m值，即为模型的阶数 p，q。

经过模型的确认、定阶和求解后，还需模型的检验，在文献［11］中表明当统计量满足式（3-22）时，模型为合适模型。

$$Q_\mathrm{M} = N \cdot \sum_{i=1}^{M} \hat{\rho}_i^2(a) \leqslant \chi_\mathrm{a}^2(M), M \approx N/10$$

$$\begin{cases} \hat{\rho}_k(a) = \dfrac{\hat{\gamma}_k(a)}{\hat{\gamma}_0(a)}, (k = 1, 2, \cdots, M) \\ \hat{\gamma}_k(a) = \dfrac{1}{N} \sum_{t=0}^{N-k} a_t a_{t-k}, (k = 0, 1, 2, \cdots, M) \end{cases} \tag{3-22}$$

式中，$\hat{\gamma}_k(a)$ 为协方差函数；M 为自由度。

对于时间序列形如式（3-23）所示，的一般时间序列形式，则需要利用差分法时间非平稳序列向平稳序列转化的过程。

$$X_t = f(t) + d(t) + W(t)$$
$$\varphi(B) \cdot (1 - B)^d \cdot X_t = \theta(B) \cdot a_t \tag{3-23}$$

式中，$f(t)$ 为趋势项；$d(t)$ 为周期项；$W(t)$ 为平稳序列项。经过 d 阶差分后变为平稳序列的方式被称为自回归滑动平均模型 ARIMA(p，d，q)，具体计算过程见文献［11］第 8 章节。

3.5　本章小结

本章延续第 2 章中的反演算法理论基础，对地表温度数据进行反演。同时，为了体现地表温度数据的价值，基于严密的数学逻辑推理以及系统科学理论基础，在 3.2 小节中提出了一些值得利用的高阶统计时空特征值作为本研究的基础数据，并对各特征量进行详细说明和推导。由于本书旨在分析出长时间序列的地表温度变化情况，因此，在 3.3 小节中对时间序列地表温度长的特征值序列需要进行相关限制，以满足后续实验的正常进行。除此之外，这些被选择出的特征值数据是否能够用于实际地震研究是一个值得检验的事情，因此，还在 3.4 小节中，加入了预测模型的构建，从线性相关分析以及不同类型的非线性相关分析的模型选择上分析方法不同对结果的影响，以及以概率统计法确定时间序列特征值的定量数学关系。

参 考 文 献

［1］Dandan Y. Multivariate Time Series Classification Based on Granger Causality［D］. Anhui：University of Science and Technology of China, 2018.

[2] Hongyun S. A Combined Non-linear Model for Earthquake Magnitude-frequency Distribution Characterization [D]. Beijing: China University of Geosciences, 2016.

[3] Zhu X. Application information theory [M]. Beijing: Tsinghua University Press, 2001.

[4] Wang Chaojun, Wu Feng, Zhao Hongrui, et al. Temporal information entropy and its application in the detection of spatiotemporal changes in vegetation coverage based on remote sensing images [J]. Acta Ecologica Sinica, 2017, 37: 7359~7367.

[5] 赵蓉, 李莉, 项东, 等. 现代通讯原理教程 [M]. 北京: 北京邮电大学出版社, 2009.

[6] 侯强, 吴国平, 黄鹰. 统计信号分析与处理 [M]. 武汉: 华中科技大学出版社, 2009.

[7] Kang Meng, Cai Yichuan, Huang Chunmei, et al. Characters of the Seismic Source Parameter of the M7.0 Jiuzhaigou Earthquake Aftershocks [J]. Earthquake Research in Sichuan, 2018: 10~15.

[8] Weisberg, Sanford. Applied Linear Regression [M]. Canada: John Wiley & Sons, 2005.

[9] Wang Xiaochuang, Shi Feng, Yu Lei, et al. 43 case studies of MATLAB neural network [M]. Beijing: Beihang University Press, 2013.

[10] 李素, 袁志高, 王聪, 等. 群智能算法优化支持向量机参数综述 [J]. 智能系统学报, 2018, 13 (1): 70~84.

[11] 刘次华. 随机过程及其应用 [M]. 北京: 高等教育出版社, 2013.

4 喜马拉雅断裂带温度场时空变化分析

‹‹

　　基于国内外众多相关科研人员的研究基础、地震研究上的新思路以及高效率的算法等，使得能够在本章节中完成必要的科学研究。本章节的主要目的是从大尺度上分析该地区的地理属性情况，以及地震灾害与地表温度之间是否有预先性特征出现。

　　因此，本书自 2010 年起，每隔 1 周左右获取一组 MODIS 遥感数据并提取青藏高原地表温度场数据，分析该地区的地震频次以及相关地理属性的变化情况，同时结合时序温度场所提取的时空特征值，并分析其相互间的变化差异性。

4.1 地震频次强度及其断裂带分布

　　如表 4-1 中研究区地震频次在年份上的分布所示，除了刚建站数据不足整周年的 2008 年的数据外，在其余整周年中，在青藏高原的研究区域中每一年都有 1 万余次地震的发生，对于超过 5 级的中大型地震，平均每年超过 10 余次，因此，该地区的地震危害性的强弱是显而易见的。

表 4-1　地震数据在年份上的分布

震级 次数 年份	0~1	1~2	2~3	3~4	4~5	5~6	6~10	总计次数
2008	122	36	11	1	1	0	0	171
2009	11474	4596	1022	216	103	12	3	17426
2010	9954	3675	729	179	79	7	3	14626
2011	7346	2760	713	147	52	5	1	11024
2012	8163	3136	718	156	62	5	1	12241
2013	16316	5571	1331	258	101	19	2	23598
2014	14075	5175	1095	194	57	10	3	20609
2015	8651	3836	1078	302	109	20	6	14002
2016	8804	3415	763	145	63	10	2	13202
2017	10791	4178	974	156	63	5	2	16169
2018	8020	3341	863	130	56	9	0	12419
2019	7053	2917	747	145	45	5	2	10914
总计	110769	42636	10044	2029	791	107	25	166401

　　同理，根据表4-1的数据，做出如图4-1所示的不同等级地震频次百分比与年份的关系图，从该图中可以明显地看出，诸如1~3级的小型地震在2009年、2013年、2017年有较为明显的波峰出现，即该地时间点上的小型余震不断，从理论上讲，应该是有较中大型的地震发生，同时伴随着多频次的小型余震出现。同时，在中型地震的频次百分比中可以看出，其在2009年、2013年、2015年出现极大值波峰，该现象表明，中型地震不同于小型地震具有伴生性，尤其是其突发性的百分比转折是较难从频次百分比与年份关系图中预测出的。大型地震的频次数量是最少的，但其发生的年份频次百分比波动性较强，尤其是在2009年、2015年的年份里，大型地震较多的在该研究区内发生。

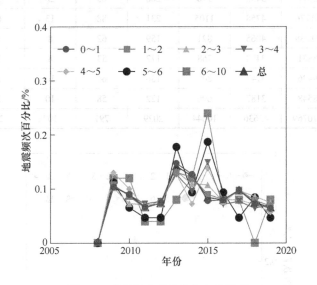

图4-1　地震频次百分比与年的关系

　　如表4-2所示的研究区地震频次在月份上的分布，地震在每个月中发生的次数均超过1万起地震事件，这相对于非地震带地区是一个无法想象的事情。结合图4-2中的地震频次百分比与月份的关系图，4级以下地震发生的波峰在1月、4月、8月较为平稳的出现，中大型地震的波峰却在4月、8月较为明显的表现，这样的数据从时间上表现为春末夏初以及夏末秋初的时间内节点上，同时也正是温度交换更替的时间节点。

　　除这两个时间节点之外，其余时间节点上，中小型地震发生的频次表现地较为平稳，较为大型的地震频次百分比却明显低于同期其他的地震频次百分比数据，在总体趋势上，地震频次百分比的存在与季节更替有关系。

表 4-2 地震数据在月份上的分布

月份 \ 震级次数	0~1	1~2	2~3	3~4	4~5	5~6	6~10	总计次数
1	9762	3520	779	127	33	4	1	14226
2	8133	3260	881	142	88	12	1	12517
3	8130	3230	803	137	55	4	1	12360
4	9501	3763	1036	239	88	13	7	14647
5	9359	3287	887	188	83	16	2	13822
6	7694	2877	689	168	56	6	0	11490
7	8371	3452	770	208	63	3	1	12868
8	11776	4758	1105	231	88	13	6	17977
9	11238	4065	821	159	62	8	3	16356
10	8831	3490	768	172	53	8	1	13323
11	9426	3747	809	136	64	10	2	14194
12	8548	3187	696	122	58	10	0	12621
总计	110769	42636	10044	2029	791	107	25	166401

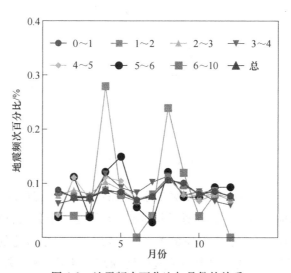

图 4-2 地震频次百分比与月份的关系

除了以上从年月上分析地震频次分布，还需从地理经纬度方面进行相关分析。如表 4-3 所示的研究区地震频次在纬度上的分布表，该研究区域跨越北纬 26°~39°的地理范围，由表 4-3 及图 4-3 所示，地震频次数据在纬度上的分布有较大差距，又如北纬 35°~36°上仅仅有 2000 余次地震，在北纬 31°~32°上却有 3 万余次地震发生。在中大型地震的发生中其纬度差异表现依然较为明显，主要分布在北纬 27°~28°、北纬 31°~32°、北纬 37°~38°上，同时，在这些纬度上的小型余震也同样活跃。

表 4-3 地震数据在纬度上的分布

纬度＼次数＼震级	0~1	1~2	2~3	3~4	4~5	5~6	6~10	总计次数
26~27	7846	1498	236	53	36	7	0	9676
27~28	17585	5448	913	187	92	18	6	24249
28~29	8425	2788	684	99	53	11	3	12063
29~30	9421	3642	707	99	34	7	1	13911
30~31	13246	4868	1164	211	104	10	3	19606
31~32	22388	6212	1221	175	45	7	0	30048
32~33	1770	1500	482	114	32	8	3	3909
33~34	6399	2315	604	183	72	6	3	9582
34~35	1601	730	235	109	67	7	0	2749
35~36	1705	1796	893	191	73	6	1	4665
36~37	6608	2440	562	130	38	6	1	9785
37~38	8818	5302	1197	242	59	9	4	15631
38~39	4918	4088	1145	236	86	5	0	10478
26~39	110730	42627	10043	2029	791	107	25	166352

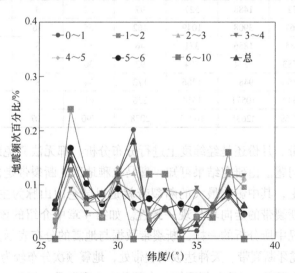

图 4-3 地震频次百分比与纬度的关系

如表 4-4 所示的研究区地震频次在经度上的分布，该研究区域跨越东经 73°~105°的地理范围，由于研究区经过的经度范围跨度较大而且地震频次的分布往往与地壳岩层中的断裂带走向关系巨大，因此，有可能在经度分布上出现较大的不均衡差距。由表 4-4 以及图 4-4 所示，地震频次数据在经度上的分布差距明显，总体地震频次的分布主要集中在研究区的西部、西北部的新疆昆仑山一带以及东部、东南部的云贵川一带，尤其是小型地震多发于云贵川一带，即青藏高原与四川盆地、云贵高原交界地带，但大中型地震却多居于中部和中南部的青藏高原主体山脉一带。

表 4-4　地震数据在经度上的分布

震级 次数 经度	0~1	1~2	2~3	3~4	4~5	5~6	6~10	总计次数
73~75	363	1173	596	169	105	7	1	2414
75~77	2029	1989	535	108	37	3	0	4701
77~79	2051	2110	657	198	37	0	1	5054
79~81	421	667	215	49	24	3	0	1379
81~83	345	806	538	142	59	6	2	1898
83~85	145	216	170	86	41	5	2	665
85~87	17	142	336	149	92	21	3	760
87~89	138	817	511	132	59	5	1	1663
89~91	1851	1002	313	98	42	4	0	3310
91~93	1044	1133	481	101	33	10	1	2803
93~95	822	1488	527	97	32	3	3	2972
95~97	3267	3908	1049	162	65	16	5	8472
97~99	1985	1856	371	46	19	3	1	4281
99~101	17583	5274	804	93	30	9	0	23793
101~103	37366	9483	1286	172	54	8	3	48372
103~105	41342	10571	1654	226	61	4	2	53860
73~105	110769	42635	10043	2028	790	107	25	166397

无论从年份、月份还是经纬度上进行分布分析，都无法避免地震与断裂带分布息息相关的问题。由研究结果可知，喜马拉雅地区的断裂带走向为西北方位朝向东南方位为主，其中影响最大的断裂带就是以昆仑山山脉为主的昆中断裂带，同时其附近的断裂带的走向均呈现一致性。如第 4 章中介绍的该研究与近 10 年的地震分布情况中所分析的一样，断裂带数据与地震的分布表示具有较高的同一性，尤其是在虎牙断裂带、天神达坂断裂带处，地震频次分布较为集中的地区，其断裂带也同样长而宽。对比分析可知，大部分中小型以及一部分大型地震与断裂带分布的密集性和走向有较高的关联，还有一部分突发性的大中型地震与该因素的关联性不太明显，换而言之，即这部分受到外来因素的干扰较大，导致该部分所蕴含的系统科学过于复杂。

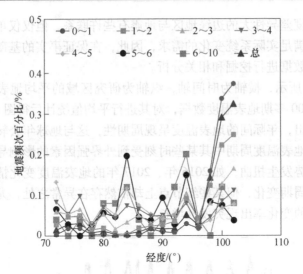

图 4-4　地震频次百分比与经度的关系

4.2　温度场统计描述时空特征变化

2010 年的第 1 期地表温度反演结果（见图 4-5），对比青藏高原周边地区的地表温度，能够明显的看出，此时正处在北半球的冬天，在青藏高原地区内部的地表温度低于周边较低海拔地区的地表温度，该地区的平均地表温度值为零下10°，在青海湖一带以及西藏中南部一带的地表温度较高于周边地区，同时云贵川地区与其青藏高原交界处的地表温度波动起伏较大，且温度高于高原地区的平均地表温度。然而，新疆天山一带与西藏交界地区的地表温度起伏不大，但该地区的地震频次却较多。

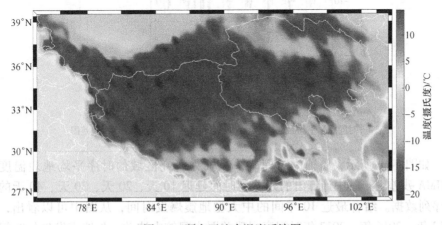

图 4-5　研究区地表温度反演图

　　综上，温度差异性大的边缘地区与地震有些许联系，但仅仅单次反演的地表温度图却无法满足实际系统变化的需求，因此，在保证事实的基础上，需要以时序地表温度场数据进行挖掘和相关分析。

　　如图 4-6a 所示，横轴为时间轴，纵轴为研究区域的平均地表温度，本实验一共反演出 3000 多期地表温度数据，对其进行平均值统计后得图 4-6a 的趋势图。从图中可以看出，年际间的地表温度呈现周期性，这与地球年公转事实相符，只是在每一年的地表温度周期中其某些时刻受到外界强因素的影响导致该年的地表温度的变化趋势发生扭曲，如 2016 年、2017 年的地表温度变化情况，虽然其分布整体符合年周期变化，但某些细节点上却依然存在异常之处，尤其是在某些时刻其地表温度的变化率出现突发性增长。

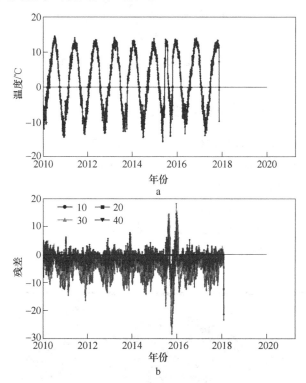

图 4-6　时序地表温度

a—时间序列平均温度趋势图；b—时间序列平均温度 ARIMA 残差图

　　如图 4-6b 所示，横轴为时间轴，纵轴为研究区域的时序平均地表温度的 ARIMA 残差图，其中计算出的残差为时间延迟 10 天、20 天、30 天、40 天的时间序列数据。结合最近 10 年间的中大型地震爆发时间，从图中可以看出，在 2012 年、2016 年、2017 年时间序列残差图出现较大波动，与地震发生的时间节点较为吻合，在时间尺度上有略微提前的现象，同时，随着延迟尺度的增加残差的波动越来越大，当延迟尺度为 30 天左右时，残差的增量变化对年周期性的敏感性较低；但当延迟尺度为 40 天左右时，虽然残差增量变化更明显了，但年周期性的敏感性也增加了，即系统性累积误差增加。综合来看，特征值在一定的延迟特性上对其中的异常数据表现明显，在数据的利用上更有价值。

在对时序地表温度场的分析中，需要对众多的时空特征值序列进行描述和分析，再通过系统科学手段和大量的逻辑运算，若最终能够找到并发现一些对科学有贡献的点，就能够真正地为这方面的研究提供有效的帮助。

如图 4-7a 所示，横轴为时间轴，纵轴为研究区域的时序地表温度信息熵，从图中可以看出，年际间的温度信息熵虽呈现一定的周期性，但相比温度场均值的表现而言，其受到了较多或较大的噪声干扰，从温度信息熵的定义来看，该研究区内某些时段中，地表温度出现了强烈的波动，导致该区域内的温度信息波动无序性增强或减弱，这与地球周期性年公转所导致的温度场周期性整体变化不同。外界强因素的影响导致某时刻的温度信息熵的变化趋势发生异变，如 2011 年、2013 年、2015 年、2017 年、2019 年等的温度信息熵变化情况，其温度信息熵的突然增加与减少，在时间尺度上与中大型地震发生的频次较为吻合。

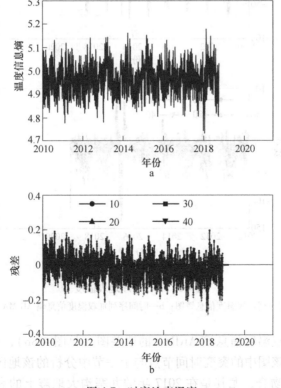

图 4-7 时序地表温度

a—时间序列温度信息熵趋势图；b—时间序列温度信息熵 ARIMA 残差图

如图 4-7b 所示，时间序列温度信息熵 ARIMA 在不同延迟尺度上的残差图，相比于平均温度的残差图，该残差相对于时间延迟在周期上的影响敏感性低，同时在不同的延迟尺度上，温度信息熵的残差图虽然在中型地震实际发生的关联性比较好，而在中大型地震上的表现没有平均温度的残差图表现的明显，但该数据却能明显抑制年周期性，因此，该数据有利用价值，但还需要更多的辅助性数据。

如图 4-8a 所示，横轴为时间轴，纵轴为研究区域的加权温度信息熵，从图中可以看出，年际间的加权温度信息熵与地表温度场在周期上具有同一性，该值融合了温度场均值以及信息熵的优势，是反应特征信息更为准确有效，例如：图中 2017 年的加权温度信息熵值其波峰在时间尺度上有所提前，在图中的表现为向横坐标负轴偏移，这就表明在该年度的夏季出现了温度场异常情况。

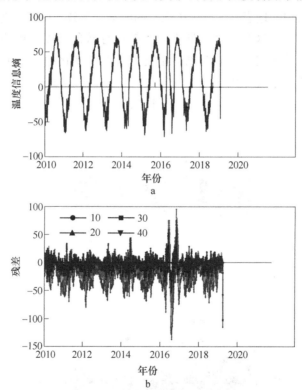

图 4-8 加权时序地表温度

a—时间序列加权温度信息熵图；b—时间序列加权温度信息熵 ARIMA 残差图

时间序列加权温度信息熵 ARIMA 的残差图（见图 4-8b），相比于其他的特征值的残差图，该图中的突变时间节点与上一节中分析的该地区近 10 年的地震强度与频次基本吻合，尤其是在 2017 年的九寨沟大地震上的表现，综上所述，特征值数据在时间序列分析中，某些特征值对地震强度和频次具有较强的响应，相比于原始数据的利用价值更高。

以上3个统计时序特征值的相互关联性（见表4-5），在时间尺度上，温度场与加权温度信息熵的时间序列相关性较高、周期性明显，温度信息熵的相关性也有，但受到强外因素影响只呈现出一般的相关性，但却与另外两个特征值保持着高度的相关性。这样能够融合多种特性且具有较高的物理意义的特征值才是实验所需要的统计时序特征值，也是实验能够获得较好结果的必要基础。

表 4-5 时序特征值的关联性

特征相关性		时间序列	温度场	温度信息熵	加权温度熵
时间序列	皮尔森（Pearson）相关	1	0.055**	0.030	0.054**
	显著性（双尾）		0.002	0.093	0.002
	N	3149	3149	3149	3149
温度场	皮尔森（Pearson）相关	0.055**	1	-0.142**	1.000**
	显著性（双尾）	0.002		0.000	0.000
	N	3149	3149	3149	3149
温度信息熵	皮尔森（Pearson）相关	0.030	-0.142**	1	-0.143**
	显著性（双尾）	0.093	0.000		0.000
	N	3149	3149	3149	3149
加权温度信息熵	皮尔森（Pearson）相关	0.054**	1.000**	-0.143**	1
	显著性（双尾）	0.002	0.000	0.000	
	N	3149	3149	3149	3149

＊＊：相关性在 0.01 层上显著（双尾）。

4.3 温度场的场描述时空特征变化

基于温度场扩散模型的假设，对该研究区域内的整体温度扩散模型，从以下时序温度场的各点梯度模、时序温度场的各点拉普拉斯算子、时序温度场的各点旋度模3个点上进行相关分析和说明。

图 4-9a 为时序温度场的各点梯度模的均值，图 4-9b 为时序温度场的各点梯度模的中值，图 4-9c 为时序温度场的各点梯度模的方差。

通过分析以上3张图所表示的时序温度场梯度模各点位变化的均值、中值及方差，再对比与4.3小节的地震分布数据以及4.4小节的各辅助数据，不难发现以下几点：

（1）在地形起伏不大的青藏高原中部地区，其各点位梯度模的均值及中值趋近于0，即该地区的温度扩散特性平稳，同时在该地区的地震频次较低于周边边界地带。

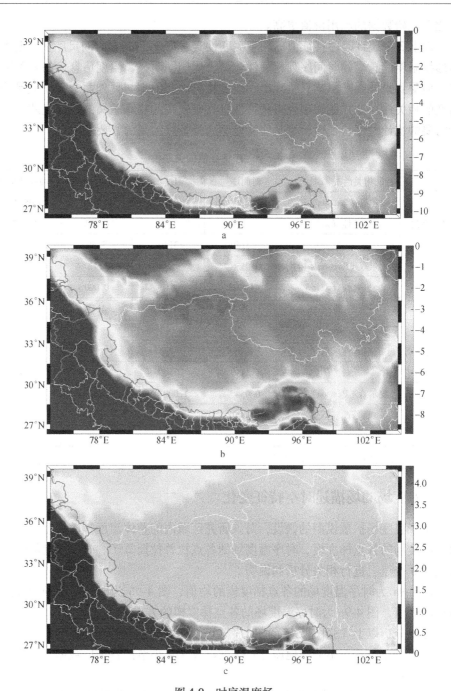

图 4-9 时序温度场

a—时序温度场的各点梯度模的均值；b—时序温度场的各点梯度模的中值；
c—时序温度场的各点梯度模的方差

（2）在喜马拉雅山脉沿线的均值、中值以及方差均出现较大突变，且其极值点也出现在该沿线上，并且该地区山脉众多，平均海拔不低于5000m，且地形起伏较大，扩散系数变化较大，同时该地区的中大型地震频次较为集中的出现。

（3）青藏高原西北部与新疆接壤的边界地区，虽然其地势较为平坦，但地区的梯度变化特征却有所凸显，这与该地区的地震频次集中分布有些许雷同，同样的区域还有青海湖、昆仑山一带。

（4）云贵川一带与青藏高原交界的众多山脉的梯度变化特征同样有着异样的变化，其特征变化顺延而下如同龙门山断裂的走向一般。

综上所述，在扩散模型中时序梯度模的均值、中值及方差在一定程度上与地震的分布有些相同或类似，但温度场的扩散又受到诸如海拔高度等因素的影响，结合地震频次分布与时序梯度模的分析，此处的研究只能表明其具有高度的相关性，并不能模拟其中的定量关系。

图4-10a为时序温度场的各点拉普拉斯算子的均值，图4-10b为时序温度场的各点拉普拉斯算子的中值，图4-10c为时序温度场的各点拉普拉斯算子的方差。

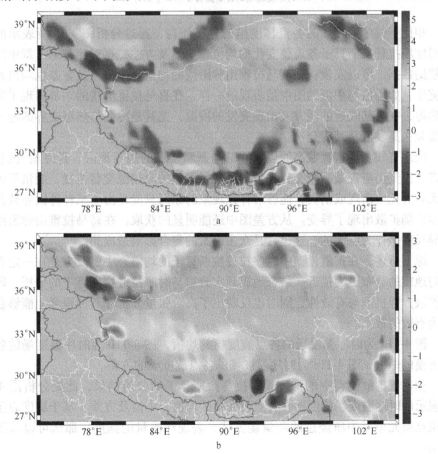

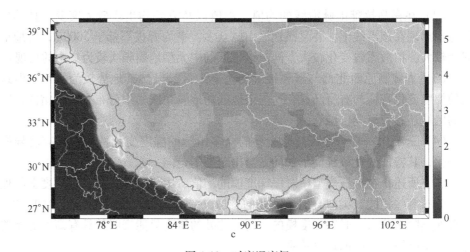

图 4-10   时序温度场

a—时序温度场的各点拉普拉斯算子的均值；b—时序温度场的各点拉普拉斯算子的中值；
c—时序温度场的各点拉普拉斯算子的方差

相比于时序温度场的各点梯度模的分析而言，通过分析图 4-10 所表示的时
序温度场拉普拉斯算子各点位变化的均值、中值及方差，再对比与第 4 章中的相
关辅助数据，可以发现：在喜马拉雅山脉沿线的均值、中值以及方差也均出现较
大突变，如均值与中值的图中虽表现的一样，在喜马拉雅沿线的东部出现了突发
的热源，在与其临近的西方又出现突发的冷源，尤其是冷源与热源交界的地区与
地震频次高发区及其吻合。

同理可知：还有青藏高原以西北部与新疆接壤的边界地区、青海湖-昆仑山
一带、云贵川与青藏高原交界一带都出现了类似的冷热源交替位置，能量不可能
从无到有凭空出现或消失，能够解释该现象的原因只能是由于某种外因导致此地
的温度场扩散出现了异变。从方差图中还能明显的获取，在喜马拉雅山脉沿线的
变异尺度是作为巨大的，这也许是众多因素的集合影响造成的。

综上所述，在扩散模型中时序拉普拉斯算子的均值、中值及方差在一定程度
上与地震的分布更为接近，结合地震频次分布与时序拉普拉斯算子的分析，印证
了扩散方程机理与有效性，同时也反映出了高阶张量分析在某种程度上能够获取
更为有效的数据。

图 4-11a 为时序温度场的各点旋度模的均值，图 4-11b 为时序温度场的各点
旋度模的中值，图 4-11c 为时序温度场的各点旋度模的方差。

相比于扩散模型中的梯度模、拉普拉斯算子的分析结果，此处分析图 4-11
所表示的时序温度场旋度模在各点位变化的均值、中值及方差，基于旋度表示为
各位点微元单元中所经过的向量场流体，表现环流量的强度，那么可以从图中
看出：

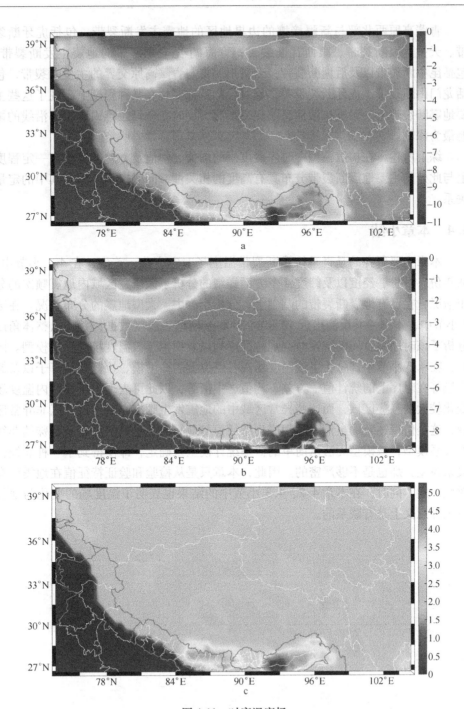

图 4-11 时序温度场

a—时序温度场的各点旋度模的均值；b—时序温度场的各点旋度模的中值；
c—时序温度场的各点旋度模的方差

　　青藏高原西北部与新疆接壤的边界地区的地震主发断裂带，包括虎牙断裂带、天神达坂断裂带、康西瓦断裂带；青海湖-昆仑山一带的地震主发断裂带，包括昆中断裂带以及后塘断裂带；云贵川一带与青藏高原交界的主发断裂带，包括龙门山断裂带、虎牙断裂带等，旋度模的特征变化在某种程度上表现了这些主要地震断裂带上的温度扩散信息的突变情况，同时在喜马拉雅山脉中部沿线的影响最为深刻。

　　综上所述，在扩散模型中时序旋度模的均值、中值及方差的分析在一定程度上与此处的主要地震断裂带分布具有高度的相关性，同时也不能模拟其中的定量关系。

4.4　本章小结

　　本章主要研究的是喜马拉雅断裂带温度场时空变化，首先，在 4.1 小节中，从年份、月份、经度以及纬度 4 个方面详细的分析了该研究区域内地震频次的分布情况，在已有地震断裂带的基础上，分析小、中、大型地震的分布状况。在第 2 小节中，本书一共反演出近 10 年的 3000 余期地表温度数据，并且从整体角度分析了该时序温度场的统计时空观特征序列以及模拟了该温度场的扩散模型。同时，在 4.3 小节中，分析了该温度场在各点位上的梯度模、拉普拉斯算子以及旋度模等在时序上的统计值—方差、均值、中值等，以此可表现出研究区内温度场变化较大的一些区域，而这些异常区域中的地震发生频次亦高于该地区非异常区域，这是值得注意的事情。时间序列特征值与地震的定量数学关系是特殊的非线性关系模型，该模型无法从简单的概率统计模型来确定，即使得到了一种非线性关系模型，那也是不够严密的。因此，本章只是从检验和验证特征值在地震的有效性出发，同时，在本章 4.2、4.3 小节中的结果也表明了温度场的变化与地震在某种意义上是有联系的。

5　单次地震区温度场变化实例分析

基于以上思路以及算法的分析，本章节的主要内容及目的是为了检验和验证本书思路的正确性以及实用性，因此，本书以九寨沟 7.0 级地震为检验实例，并在某些繁复的步骤做了相应的简化处理。

本书自 2017 年 1 月 3 日起，每隔 7 天左右获取一组 MODIS 遥感数据并提取温度场时空特征，分析相互间的变化差异。九寨沟于 2017 年 8 月 8 日发生 7 级地震，将该时间转换为年积日为 220，本书主要分析该时间节点前 2 个月的数据变化情况。

5.1　九寨沟温度场时空特征变化

首先，将本书所选的研究区域和 9 个县市区域分别标号：Studyarea、Beichuan、Dujiangyan、Jiangyou、Jiuzhaigou、Maoxian、Pingwu、Qingchuan、Songpan、Wenxian，以年积日时间序列作为横坐标、平均温度、温度信息熵、加权温度信息熵、梯度模最大值、拉普拉斯算子等特征值作为纵坐标；其次，基于小波分析，将时序特征值解译成高频部分和低频部分，对温度场时空特征走势进行分析；其结果如图 5-1 所示，虽然低频部分包含大量的噪声，无法表现异常特征点，但高频部分却能显现出异常信号特征，其中开头有 A 作为标记的是低频信号，有 D 作为标记的是高频部分。最后，由格兰杰因果检验各区域的时间序列信号是否具有因果传递关系。

图 5-1a 为温度信息熵低频部分随着年积日变化曲线，该值用来表征温度值的混沌程度。图 5-1b 为温度信息熵高频部分随着年积日变化曲线。

低频部分虽然包含了原始信号的变化特征，但却由于噪声的影响无法突出异常信号。一般情况该值只在一个小区间内平缓波动，但在九寨沟地震前波动出现明显的剧烈变化。虽然有异常信号的表现且其变化过程为先逐步下降再快速上升，但变化规律较为杂乱，无法表明具体的时间和异常信号的剧烈程度。

在高频部分的信号没有噪声的影响，使得异常信号更加清楚明了。如图 5-1b 所示，在总的研究区域中，特征值的波动在整个时间序列中发生的次数明显多于各县市区，且在九寨沟地震发生的时间区内，该值发生明显的波动，且距离中心越远，其振幅越小，异常波动点越靠后。该过程表明，地震发生前期，研究区域内的温度信息熵有明显变化；在距离震源地较远的都江堰、北川等区域，震前

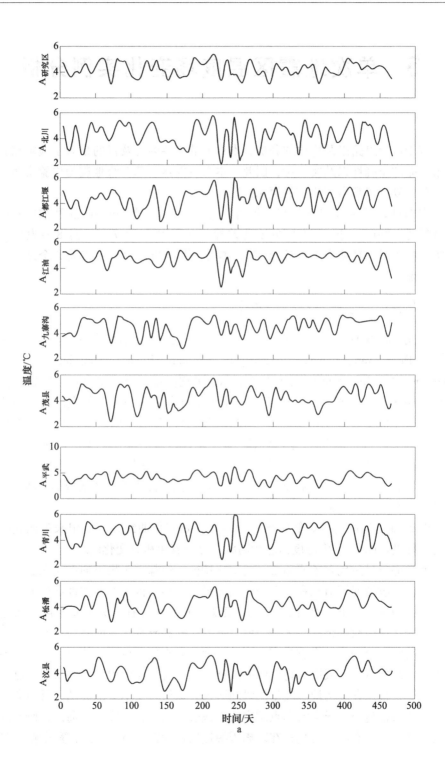

a

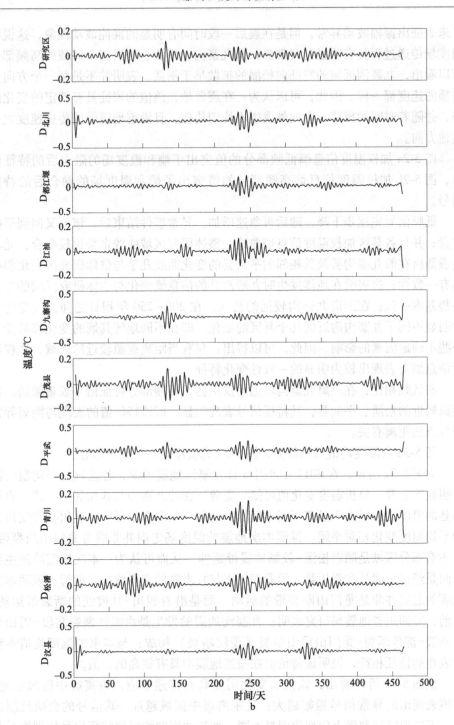

图 5-1 温度信息熵

a—温度信息熵低频部分；b—温度信息熵高频部分

并未表征出振幅波动异常，但是在震后一段时间有明显的混沌波动现象，这说明温度场传递过程具有明显延时现象；从九寨沟、平武、松潘三个区域的高频部分可以看出，九寨沟区域的特征向松潘的扩散早于平武，表明并不是每一个方向上传播的速度都一样。因此，可以认为：在震源地，该值的表征具有特定的变化趋势，并随着时间的推移，会向外发生不均匀传播，且沿着地震带的传播速度大于其他方向。

图 5-2a 加权温度信息熵低频部分的值突出了熵和温度场的融合后的特征信号，图 5-2b 加权温度信息熵高频部分的值突出了熵和温度场的融合后的特征信号。

低频信号先逐步下降，随后再急速增加，异常事件结束后，该值又回到平衡位置；并且各县区加权温度信息熵曲线与整体研究区域曲线走势比较吻合，尤其是震源所在的九寨沟县及其相邻的平武县的变化曲线几乎与整体研究区变化曲线具有一致性；这表明在地震发生时九寨沟县的信息熵变化与整体研究区域的变化趋势基本一致；在距离九寨沟较远的县区，在 200～250 年积日之间，气变化规律明显不同于九寨沟附近的几个县区的变化。即在不同地区其熵的变化都易受到一些不确定因素的影响。因此，可以得出：只有当距离震源较近的区域，加权温度信息熵会表现出较为明显的一致性变化特征。

和低频相比，在距离九寨沟较远的汶川县，高频部分特征信号表现微弱。在距离较近的松潘、平武县，其特征信号表现明显。即该特征值的表现与距离异常信号点的距离有关。

图 5-3a 为温度均值低频部分，图 5-3b 为温度均值的高频部分。

如图 5-3a 所示，在 2017 年 8 月 8 日九寨沟地震前夕，各区域的平均温度都有明显的上升。分析温度变化值可知，震源所在的九寨沟与其相邻的平武、青川等县的温度变化幅度明显高于其他区域；而处于龙门山断裂带的北川县和汶川县的平均温度变化相对平缓。说明本次地震的温度场走向并非顺着龙门山断裂带，其中有部分区域是顺着松潘-较场地震带延伸。从而可认为：本次地震波的主要走向是经过平武县和青川县，沿着四川省与甘肃省的交界线向东前行，说明本次地震的起因并非是龙门山断裂带的运动，而是沿着四川-甘肃线的断裂带运动。目前，经四川省地震局研究表明：九寨沟地震的发生是由岷江断裂北段-雪山梁子断裂-虎牙断裂-龙门山后山断裂（茂汶断裂）构成；与本书的温度均值走势所表现的特征相符，说明该特征值在描述地震中具有极高的价值。

从图 5-3b 可以看出，该值的变化明显具有传递效应，距离震中区域越近，该值表现出的异常信号振幅越大；且距离震中区域越远，其信号的衰减延续越久。不同地震断裂带上的变化明显不同，如江油市的均温值特征信号特别微弱且持续时间较短，而平武县、青川县的特征非常明显且持续时间较长。

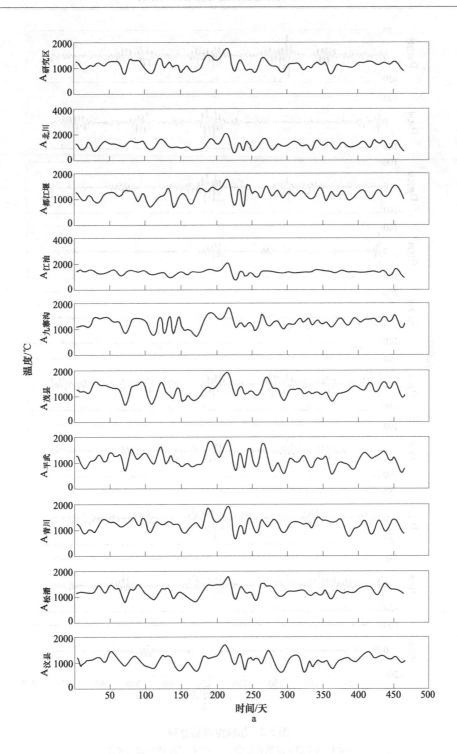

图
a

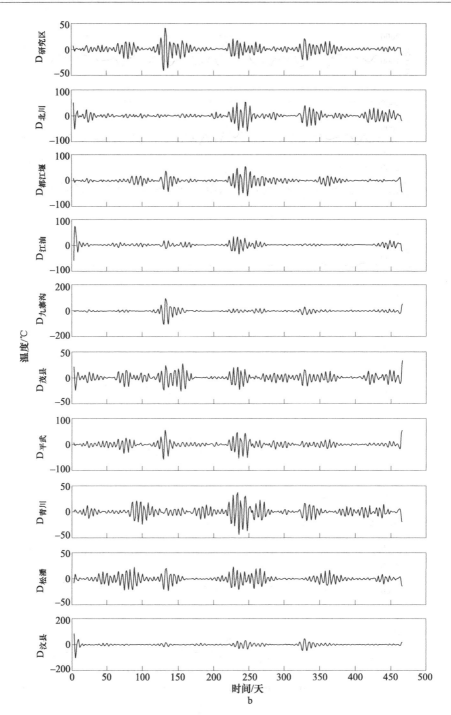

图 5-2　加权温度信息熵

a—加权温度信息熵低频部分；b—加权温度信息熵高频部分

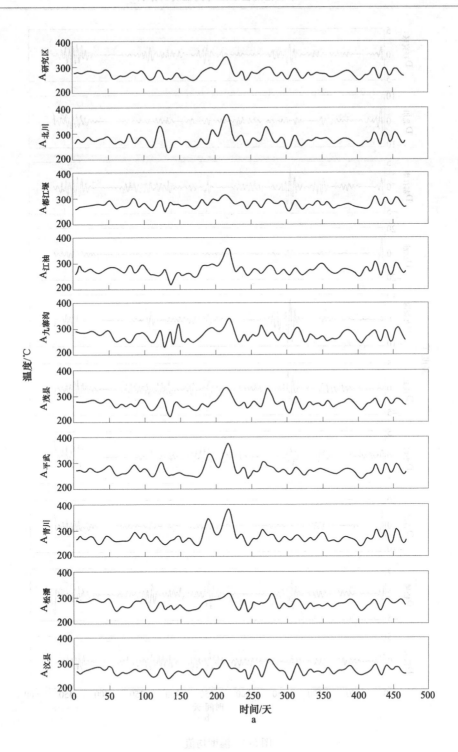

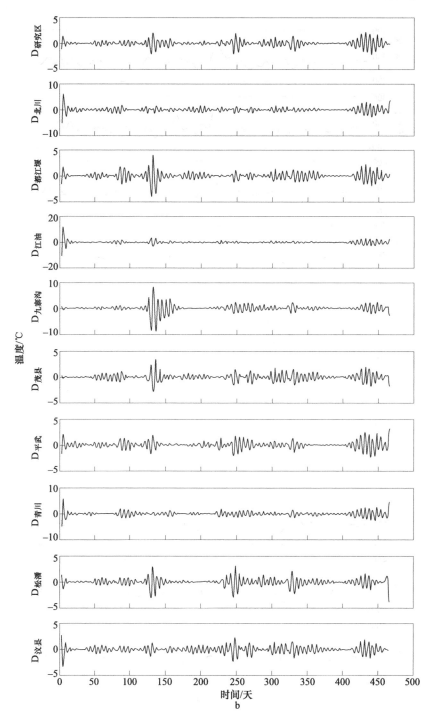

图 5-3　温度均值

a—温度均值低频部分；b—温度均值高频部分

图 5-4a 中，梯度模最大值以整体研究区域为研究对象，取每一期数据中梯度模的最大值为特征表征。图 5-4b 为梯度和拉普拉斯算子最大值、最小值以及极差的高频部分。

由图 5-4a 中的梯度模的最大值可知，地震发生前，该值具有明显的波动，总体呈现下降的趋降。且实验得出，研究区域的温度场处于正常情况时，该特征值在 120 左右，非正常情况时，地震等级越大、时间越久、频率越高，该值偏离 120 的偏离度越大且持续时间越久。在图 5-4a 中的拉普拉斯算子最大值、最小值以及极差可知，依据以整体研究区域为研究对象，取每一期数据中拉普拉斯算子的最大值和最小值为特征表现。经检验得出，地震发生前 3 个月左右，该特征值的最大值和最小值之差会越来越大，随着时间的推移，再逐步地靠近。在本研究区域，得出结果为：拉普拉斯算子的最大值与最小值之差约为 333。

在图 5-4b 中，不同频次的地震发生时，其异常信号特征非常明显。在一年积日 220 天的九寨沟地震为例，图中自 160 天起拉普拉斯算子最大值就开始发生变化，且其他值也都于 190 天年积日开始偏离中心线。即在九寨沟地震发生前 1~2 月时，温度场梯度模和拉普拉斯算子均表现出异常特征。

综上所述，本书所选取的平均温度、温度信息熵、加权温度信息熵、梯度模、拉普拉斯算子等特征值在小波分析中，都表现出了相应的异常信号，这对于建立精确的预测模型具有推动作用。但对于各县区温度场的时间序列变化情况，需要具体的值进行验证。本书选取格兰杰因果关系检验，对两两相邻区域的时间序列特征值进行检验，同时设置时间延迟情况下的因果关系检验。

5.2 九寨沟温度场时延分析

图 5-5 为研究区域内具有空间拓扑相邻的连接关系图，其目的是分析研究区域内的空间领域相关性。

基于格兰杰因果检验，为了分析不同延迟时间下格兰杰检验结果之间的关系，也对各县区的平均温度、温度信息熵、加权温度信息熵做 0 天、10 天、20 天、30 天时间延迟的格兰杰检验。该检验结果为各因果关系拒绝原假设的 probability 值，该值越小表示犯第一类错误的概率越小，因果关系越明确。本书取该犯错概率值小于 0.05 时，即被检测的对象表现因果关系。该检验结果得出不同延迟时间下平均温度、温度信息熵、加权温度信息熵的因果关系图如图 5-6~图 5-8 所示。

图 5-6 为温度均值的因果关系图，图 5-6a 为 0 天延迟下的各县区温度均值的因果关系，从图中可以看出大部分县区间的温度均值具有双向因果关系，导致双向因果关系的机制较为复杂，但其意义为两县区间的温度值传递，换而言之，即为温度的扩散是相互的。少部分地区具有单向因果关系，单向因果关系能够反映

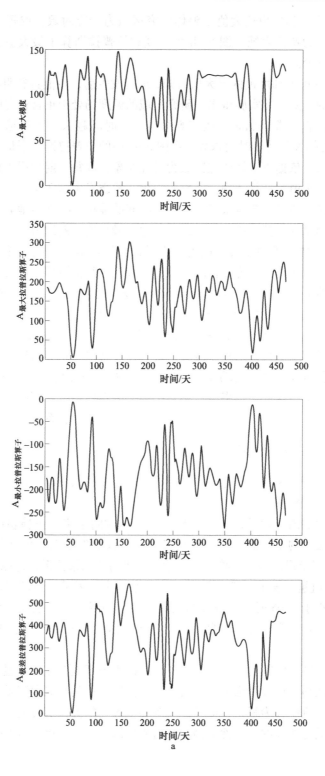

a

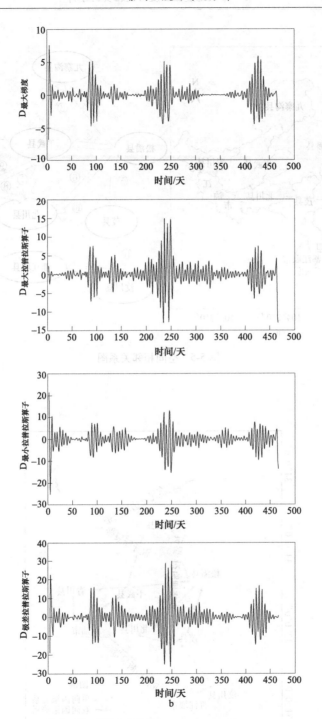

图 5-4　梯度及拉普拉斯算子
a—梯度及拉普拉斯算子低频部分；b—梯度及拉普拉斯算子高频部分

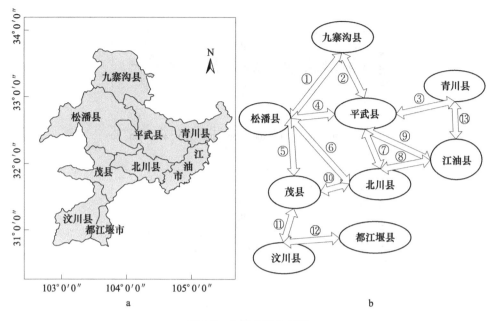

a

b

图 5-5　空间相邻关系图

a

b

c

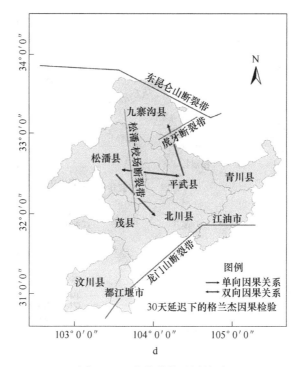

图 5-6　温度均值的因果关系

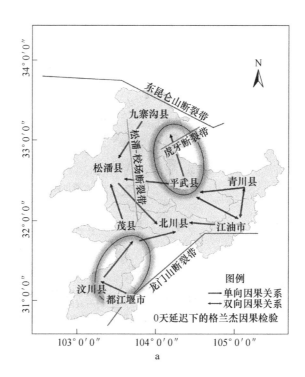

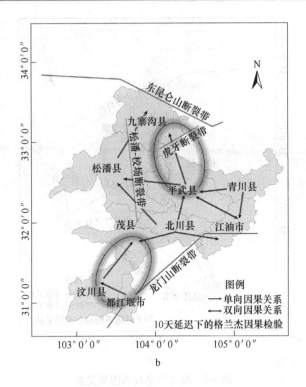

b

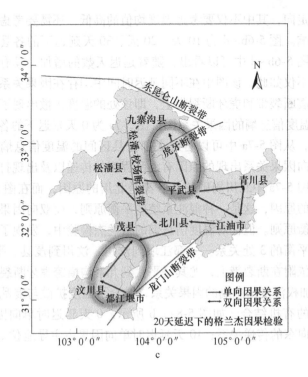

c

图 5-7　温度信息熵的因果关系

出温度均值的走向，其中不仅要考虑温度均值的高低，还需要考虑地形起伏对温度场扩散的影响。图 5-6b～d 为 10 天、20 天、30 天延迟下的各县区温度均值的因果关系，从图 5-6b～d 中可以看出，随着延迟天数的增加，具有因果关系的县区越来越少，不仅如此，该图中在不同延迟时间中均存在因果关系的部分都分布在松潘校场地震断裂带和虎牙断裂带上，即该处的温度扩散出现了异常。

　　图 5-7 为温度信息熵的因果关系图，图 5-7a 为 0 天延迟下的各县区温度信息熵的因果关系，从图 5-7a 中可以看出大部分县区间的温度信息熵具有单向因果关系，导致单向因果关系出现的原因有混乱程度的传递以及出现打破系统平衡的异常特征。在图 5-7a 中北川周围的县区都是北川的原因，而在图 5-7b 中北川又是其周围县区的原因，这是一种混沌系统的平衡原则，而双向因果的县区本身就具有一定的平衡原则。但在对温度信息熵的格兰杰检验中，发现了在不同延迟天数下都未出现平衡的 3 处关系——都江堰到汶川、汶川到茂县、平武到九寨沟，该三处关系都依附在断裂带上，尤其是平武到九寨沟横跨虎牙断裂带。

　　图 5-8 为加权温度信息熵的因果关系，融合了温度扩散与混乱剧烈程度，显示了均值与熵的有机结合。如图 5-8a、b 所示，0 天延迟时单向因果关系较少，但普遍是从西向东的传递关系；10 天延迟时单向因果占主导地位，且由九寨沟

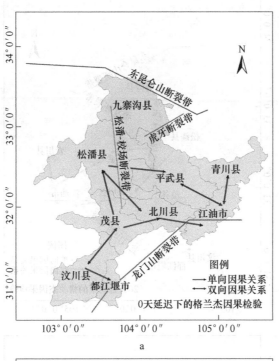

a

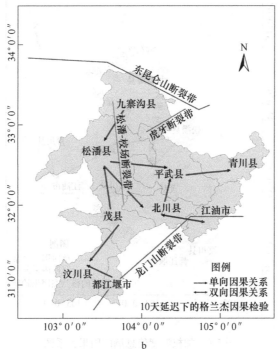

b

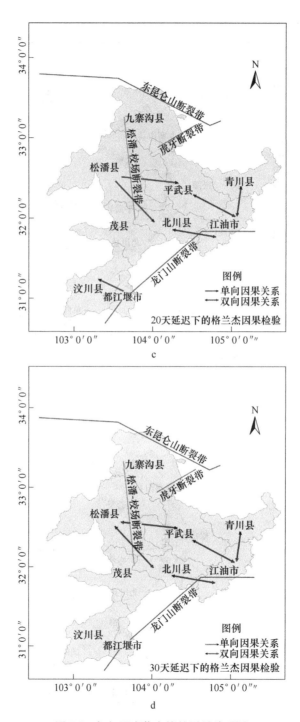

图 5-8 加权温度信息熵的因果关系图

和茂县向松潘挤压，再从松潘向平武、北川传递；这表明异常特征的产生加速了各个县区的混乱程度。如图 5-8c、d 随着延迟天数的增加，研究区域中个县区的加权温度信息熵因果关系越来越少，即研究区域的温度场随着延迟天数的增加越来越稳定。

由格兰杰检验得出，研究区域内各县区的温度场特征值在时间序列上具有一定的因果关系，其直接表现为传递效应和延时效应，深度挖掘温度场的这种时空特性将会增强预测效果的准确性。

5.3 九寨沟温度场扩散分析

由上一节中的格兰杰检验结果可知，空间相邻区域的温度场是具有传递关系的。针对本书收集的基于时间序列大数据，首先，计算出此数据的突变热源温度场；然后，将该数据中的同点位的数据组成基于时间序列的向量，每个点位都是一个 1×67 的行向量。并将均值、中值、方差、正态分布拟合的期望值以及正态分布拟合的方差作为特征量，分别对任意点位构成的向量进行空间统计学分析。由于研究区域会受到太阳辐射以及大气水汽的影响，所以未出现温度场变异的点位的特征值也不一定为 0。此外，在较小区域内，太阳辐射以及大气水汽的影响较均匀，因而对各类特征值设定阈值用于区分是否为变异点。

图 5-9a 为突变温度场的各点位的离散方差空间分布；图 5-9b 为突变温度场的各点位的正态分布拟合出的方差空间分布；图 5-9c 为突变温度场的各点位的均值空间分布；图 5-9d 为突变温度场的各点位的中值空间分布；图 5-9e 为突变温度场的各点位的正态分布拟合出的期望值空间分布。

图 5-9a 中，方差用来度量随机变量和其数学期望（即均值）之间的偏离程度，该值越大，表示源数据越不平稳。去除 0~17 的域值范围，可以看出，平武和松潘交界的岷山断裂带处以及汶川西部的变异温度场值有极为明显强波动出现；同时青川北部、九寨沟东南和都江堰南部都有一个较小区域的温度场值波动较强。图 5-9b 中，去除 0~17 的域值范围，可以从图中看出，平武和松潘交界的岷山断裂带处以及汶川的西部的变异温度场值有极为明显强波动出现；同时青川北部、九寨沟中部偏南、松潘西南部和都江堰南部都有一个小区域的温度场值波动较强。图 5-9c 中，均值是一个特殊的无偏估计量，主要反映整体变化信息。去除-0.5~0.5 的域值范围，图中表明，平武和松潘交界的岷山断裂带处与汶川的西部有极为明显的强变异热源及冷源的出现；松潘的西南部有明显的冷源出现；东昆仑山断裂带以及龙门山地震带有较强的变异热源出现。图 5-9d 中，中值可以作为一个特殊的滤波器用于去除研究区域中的大部分噪声，但同时也会损失一定的精度。去除-0.1~0.6 的域值范围，岷山断裂带处以及汶川的西部有极为明显的强变异热源的出现；松潘的西南部和九寨沟北部有明显的强变异热源出

现；龙门山地震带有较强的变异冷源出现。图 5-9e 中，基于离散数据的均值在体现总体趋势上会存在误差，但是期望值所包含的整体变化信息将更为精确。同样去除-0.5~0.5 的域值范围，可以看出，平武和松潘交界的岷山断裂带处以及汶川的西北部有极为明显的强变异热源以及冷源的出现；松潘的西南部有明显的冷源出现；东昆仑山断裂带以及龙门山地震带有较强的变异热源出现。该值与均值所反映的现象一致，但在空间位置表达上更为精确。

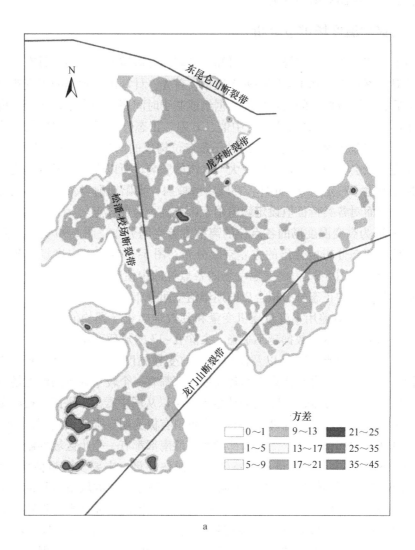

方差

□ 0~1	▨ 9~13	■ 21~25
□ 1~5	▨ 13~17	▨ 25~35
▨ 5~9	▨ 17~21	▨ 35~45

a

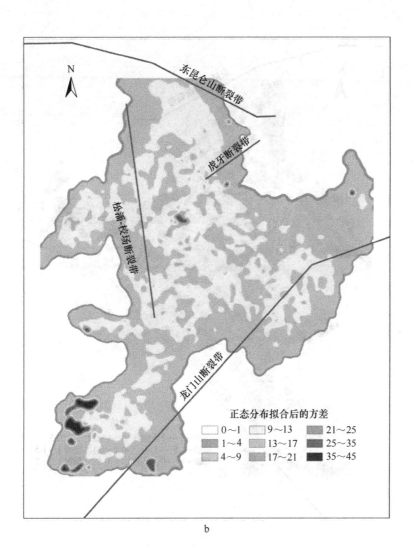

b

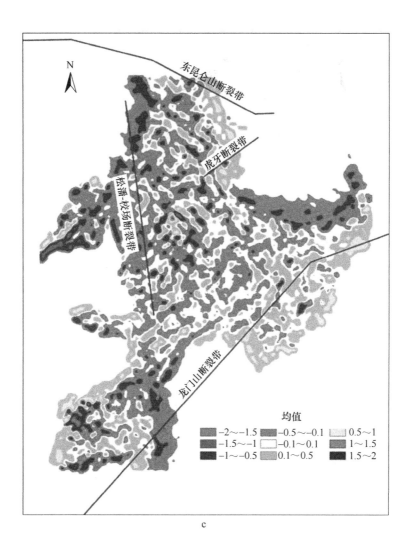

c

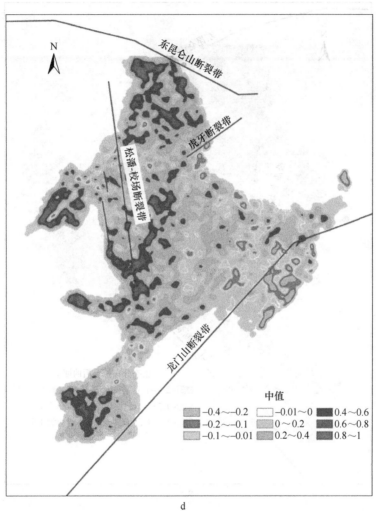

d

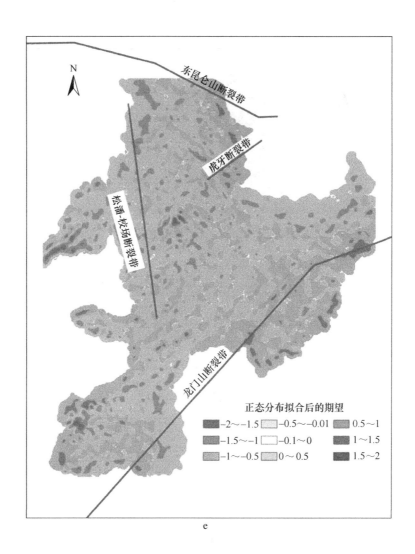

e

图 5-9　温度场扩散特征值空间分布

a—方差；b—正态分布拟合后的方差；c—均值；d—中值；e—正态分布拟合后的期望

最后，通过与真实地震位置进行比较，发现上述统计值的异常点的空间分布与真实地震位置一致，这表明这些特征值对于确定地震位置是有意义的。

5.4 九寨沟温度场预测分析

通过对以上各特征值进行分析可知，基于时间序列的平均温度、温度信息熵、加权温度信息熵、梯度模最大值、拉普拉斯算子等温度场特征值在地震发生前都有不同的表征，因而，可以从多方面反映出地震发生前可能出现的某些征兆。

在上文分析的基础上，本书希望能建立一种预测模型，通过温度场特征值数据预测一段时间内地震发生的概率。本书将提供两种预测模型：一种是基于粒子群优化算法的神经网络预测模型，另一种是基于粒子群算法优化的 SVM 预测模型。并添加特征值的延时预测属性，分析预测精度，最后对比两种模型在地震预测中的优缺点。

本书以研究区域内影像数据的年积日、温度信息熵、加权温度信息熵、平均温度、梯度模最大值、拉普拉斯算子极差值等特征值作为模型的输入量，以震级作为模型的输出量。通过训练模型，建立特征值间的空间关联，从而达到预测地震的目的。

5.4.1 多元线性回归

本书从 CHINA EARTHQUAKE DATACENTER 下载了从 2017 年年初至 2018 年年中发生在研究区域的地震情况，若某天发生多次地震，则取最大地震震级及震源深度。在多元线性回归模型分析预测中，选择年积日（time）、温度信息熵（entropy）、加权温度信息熵（addentropy）、平均温度（meanT）、梯度模最大值（MAXgrad）、拉普拉斯算子极差值（deta_lapulas）以及震源深度（deep）作为自变量参数，取置信水平 $\alpha = 0.01$，分别研究将地震等级与地震累计频数作为因变量时，其拟合参数的变化。0 天、15 天、30 天和 45 天延迟的多元线性回归参数如表 5-1~表 5-4 所示。

表 5-1 延时 0 天的多元线性回归参数

$\alpha = 0.01$	R^2	F	p	$\alpha = 0.01$	R^2	F	p
M_1	0.1384	9.454	0.0136	M_φ	0.1384	9.454	0.0136
关联系数	x_0	0.2799		关联系数	x_0	0.7201	
年积日	x_1	-0.06285		年积日	x_1	0.06285	
温度信息熵	x_2	0.1696		温度信息熵	x_2	-0.1696	
加权温度信息熵	x_3	-0.4225		加权温度信息熵	x_3	0.4225	
平均温度	x_4	0.3138		平均温度	x_4	-0.3138	
梯度模最大值	x_5	0.01366		梯度模最大值	x_5	-0.01366	
拉普拉斯算子极大值	x_6	-0.103		拉普拉斯算子极大	x_6	0.013	
震源深度	x_7	0.1723		震源深度	x_7	-0.1723	

表 5-2　延时 15 天的多元线性回归参数

$\alpha=0.01$		R^2	F	p	$\alpha=0.01$		R^2	F	p
M_1		0.088	5.71	0.015	M_φ		0.088	5.71	0.0155
关联系数	x_0	0.2792			关联系数	x_0	0.7208		
年积日	x_1	-0.09695			年积日	x_1	0.09695		
温度信息熵	x_2	0.08256			温度信息熵	x_2	-0.08257		
加权温度信息熵	x_3	-0.09877			加权温度信息	x_3	0.09879		
平均温度	x_4	0.1342			平均温度	x_4	0.1342		
梯度模最大值	x_5	-0.04334			梯度模最大值	x_5	0.04334		
拉普拉斯算子极	x_6	0.1148			拉普拉斯算子	x_6	-0.1148		
震源深度	x_7	0.04562			震源深度	x_7	-0.04562		

Contact 为常系数，在函数中标记为 x_0，其他为自变量参数，标记为 x_1，x_2，…，x_r，拟合函数 F 中各自变量对应的系数为 ε，拟合公式如下：

$$F(x_0, x_1, \cdots, x_r) = \sum_{i=0}^{x} \varepsilon_i x_i = 0 \tag{5-1}$$

表 5-3　延时 30 天的多元线性回归参数

$\alpha=0.01$		R^2	F	p	$\alpha=0.01$		R^2	F	p
M_1		0.1005	6.578	0.0161	M_φ		0.1005	6.578	0.0161
关联系数	x_0	0.4314			关联系数	x_0	0.5686		
年积日	x_1	-0.1239			年积日	x_1	0.1239		
温度信息熵	x_2	-0.5505			温度信息熵	x_2	0.5505		
加权温度信息熵	x_3	0.7872			加权温度信息熵	x_3	-0.7872		
平均温度	x_4	-0.2182			平均温度	x_4	0.2182		
梯度模最大值	x_5	0.00187			梯度模最大值	x_5	-0.00187		
拉普拉斯算子	x_6	0.02629			拉普拉斯算子	x_6	-0.02629		
震源深度	x_7	-0.04077			震源深度	x_7	0.04077		

表 5-4　延时 45 天的多元线性回归参数

$\alpha=0.01$		R^2	F	p	$\alpha=0.01$		R^2	F	p
M_1		0.117	7.796	0.0170	M_φ		0.2005	16.37	0.0153
关联系数	x_0	0.4645			关联系数	x_0	0.5354		
年积日	x_1	-0.1598			年积日	x_1	0.1598		
温度信息熵	x_2	-0.6707			温度信息熵	x_2	0.6707		
加权温度信息熵	x_3	1.003			加权温度信息熵	x_3	-1.003		
平均温度	x_4	-0.3643			平均温度	x_4	0.3643		
梯度模最大值	x_5	-0.01537			梯度模最大值	x_5	0.01537		
拉普拉斯算子	x_6	0.00654			拉普拉斯算子	x_6	-0.006541		
震源深度	x_7	0.03534			震源深度	x_7	-0.03534		

　　将前一部分的数据作为输入量，输出的地震等级和地震累计频数以天为单位向后延迟，即以第一天的数据预测第二天、第三天及后续时间段的输出参数。根据本书所收集的数据，将前 420 天的数据做输入量，分别预测延迟 1，2，3，…，45 天内的地震等级和地震累计频数；最后，得出相关性系数 R^2、F 分布检验的 F 值及 F 分布对应的概率 p 在延迟天数上的变化规律。

　　多元线性回归模型中的相关系数 R^2 越接近 1，F 值越大，回归方程越显著，F 值对应的概率 p 值在 0.01~0.05 之间越小效果越好。由图 5-10 可知，相关系数 R^2 和 F 值都与延迟时间正相关，虽然与 p 值也呈现正相关，但由于其整体上均小于 0.018，所以可得：本书所选择的 7 个自变量参数与 2 个因变量参数之间必然存在一种多元关系，此外所使用的多元线性回归模型也能具有预测能力，随着延迟时间的增加，多元线性回归模型的预测能力也逐渐增强，即该模型对中短期地震的预测是有效的。由于线性模型的相关系数较小，其对地震等级的预测效果与非线性模型相比较差。

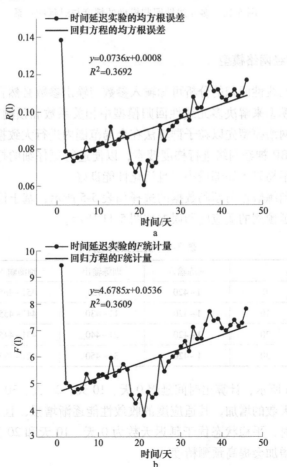

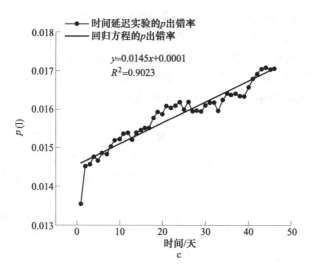

图 5-10　多元线性回归模型的精度与时延的关系

5.4.2　优化神经网络模型

通过对多元线性回归的分析可知输入参数与输出参数必然存在关联，因此可选用网络预测模型来解决多元线性回归模型中相关系数和预测精度较差的问题。本书所选择的网络模型先以粒子群算法在全局范围内进行大致搜索，得到一个初始解，再利用 BP 神经网络进行梯度搜索，以便进行更仔细的探查。该方法的优点是：使结果不易陷入局部最小解且泛化性能良好。

该模型的训练数据与预测数据的选择如表 5-5 所示，基于该网络预测模型所得出的不同时延预测的适应度和误差如图 5-11 所示。

表 5-5　模型数据选择表

数据/d		训练输入	训练输出	预测输入	预测输出
延时天数	0	1~420	1~420	451~465	451~465
	10	1~420	11~430	441~455	451~465
	20	1~420	21~440	431~445	451~465
	30	1~420	31~450	421~435	451~465

如图 5-11a 所示，计算出时间延迟 0 天、10 天、20 天、30 天的模型适应度，并且随着延迟天数的增加，其适应度的收敛性能逐渐增强，且延迟 30 天的适应度趋于平稳值时，平稳状态优于延迟天数为 0 天、10 天和 20 天的平稳适应度。即延迟天数的增加会提高预测精度。

如图 5-11b 所示，图中为有 0 天、10 天、20 天、30 天延时的预测结果与真实地震等级的差值。结合表 5-6 中误差无穷范数，可以看出时间延迟至 30 天时的精度优于其他延迟天数的精度。

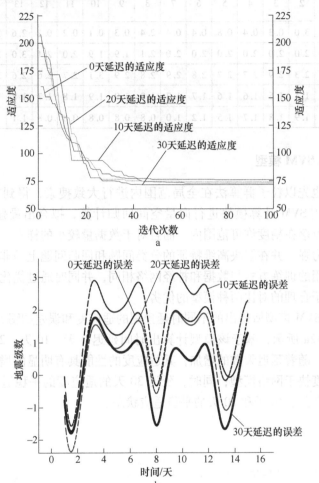

图 5-11　优化 BPNN 模型

a—模型适应度；b—模型误差曲线

基于该网络预测模型的预测结果如表 5-6 所示。

对各时延状态下的模型适应度以及模型误差进行分析，可以得出：本书所选择的温度场特征值对地震的预测是有效的，且在地震发生时，该特征值表现出一定的延时性，即该特征值具有预测地震的能力。实验数据表明，该模型中的特征值对于 30 天之后的地震预报精度高于短期预测，换而言之，即地震发生前的 1~2 个月里出现的先兆现象会诱发地表温度场的变化。这充分说明在中短期地震的预测上，使用温度场特征值将在一定程度上提高地震预报的精度。

表 5-6　优化神经网络预测模型预测结果

预测天数/天		1	2	3	4	5	6	7	8	9	10	11	12	13	14	15	误差范数
延迟天数	real	2.6	3.0	0.3	0.4	0.8	0.4	0.4	2.4	0.3	0.1	0.2	0.1	2.6	2.1	0.4	—
	0	2.0	2.0	2.0	2.0	2.0	2.0	2.0	2.1	1.9	1.9	2.0	2.1	3.0	2.2	2.2	1.2733
	10	2.6	2.3	2.9	2.7	2.7	2.8	2.9	2.8	2.9	3.1	2.7	2.6	2.6	2.8	2.7	1.7600
	20	1.3	1.4	1.5	1.6	1.6	1.7	1.7	1.8	1.9	1.9	1.8	1.7	1.8	1.7	1.6	1.2200
	30	1.8	1.9	1.8	1.7	1.5	1.2	1.0	0.8	0.8	0.8	0.8	0.8	1.1	1.4	1.7	0.9600

5.4.3　优化 SVM 模型

该模型也先以粒子群算法在全局范围内进行大致搜索，得到初始参数的-c 和-g，再使用 SVM 计算模块进行向量空间回归计算，拟合出最佳的回归函数，使得更多的点落在精度许可范围内，而且对于数据量较小的样本，其分类准确率高，泛化能力强，并在解决高维特征的分类问题和回归问题上是非常有效的。该预测模型使用的训练方式与数据和神经网络相同，并同时通过优化算法寻优得到的参数，便于合理的对比两种模型的优劣。

基于该 SVM 模型所得出的不同时延预测的适应度和误差如图 5-12 所示。

如图 5-12a 所示，基于该模型计算出时间延迟 0 天、10 天、20 天、30 天的模型适应度，随着延迟天数的增加，其适应度的性能具有明显的增强，且趋于平稳状态的速度快于网络模型；同时，延迟 30 天的适应度的平稳适应状态也优于延迟天数为 0 天、10 天和 20 天的平稳适应状态。

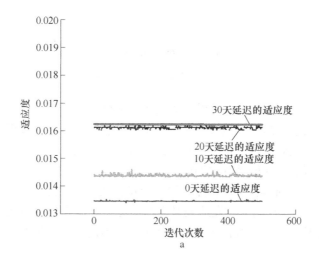

a

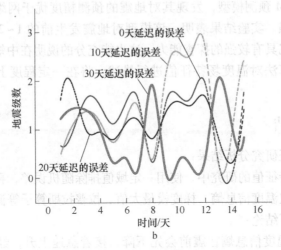

图 5-12　优化 SVM 模型

a—模型适应度；b—模型误差曲线

如图 5-12b 所示，有 0 天、10 天、20 天、30 天时延时的预测结果与真实地
震等级的差值。结合表 5-6 中误差无穷范数，可以看出随着延迟天数的增加，其
误差精度也越来越小，预测结果越来越准确。在对比 PSO 神经网络模型，不同
延迟时间线，SVM 均优于神经网络模型。其中基于该 SVM 预测模型的 SVM 优化
参数如表 5-7 所示，模型的预测结果如表 5-8 所示。

表 5-7　不同状态下的向量机优化参数

类型	Best-c	Best-g	类型	Best-c	Best-g
0 天预测	0.1000	3.3939	20 天预测	9.7492	0.1000
10 天预测	4	0.6888	30 天预测	0.1000	2.1646

表 5-8　优化 SVM 预测模型预测结果

预测天数/天		1	2	3	4	5	6	7	8	9	10	11	12	13	14	15	误差范数
	real	2.6	3.0	0.3	0.4	0.8	0.4	0.4	2.4	0.3	0.1	0.2	0.1	2.6	2.1	0.4	—
延迟天数	0	1.9	2.0	1.9	1.9	1.9	1.9	1.9	2.1	1.8	1.8	1.9	2.1	2.2	2.1	2.1	1.2133
	10	2.1	1.9	1.6	1.5	1.5	1.6	1.8	2.0	2.4	2.7	2.8	2.8	2.9	2.9	2.8	1.4133
	20	1.0	1.1	1.2	1.3	1.5	1.5	1.5	1.6	1.7	1.7	1.7	1.8	1.8	1.8	1.8	1.1800
	30	1.4	1.6	1.7	1.4	1.1	0.6	0.5	0.4	0.5	0.4	0.5	0.6	0.9	1.2		0.8600

通过对各时延状态下的模型适应度及模型误差进行分析，并对比网络预测模
型，可得出：考虑地震发生所具有的延时性，使用相同的输入参数，并将温度场

特征值用于 SVM 预测模型，发现其对地震的预测精度优于网络预测模型，预测地震的性能更强。实验结果表明，该模型对地震发生前的 1~2 个月期间出现的温度场变化先兆具有较强的探查能力。这也能充分的说明在中短期地震的预测方面，使用优化算法对温度场特征值进行描述，将在一定程度上提高地震预报的精度。

5.5　本章小结

温度场特征研究分析结果：

在温度场特征值的研究中，使用一定域值排除随机误差，再对平均温度、温度信息熵、加权温度信息熵、梯度模最大值、拉普拉斯算子等温度场特征值进行分析，得出如下结论：

（1）加权温度信息熵在震前会先下降，接着急速上升，经过地震这一时间节点后，又回到平衡位置，在一些较大的地震发生时及距离震源相对较近的区域，该值会出现明显的变化。

（2）平均温度值在地震发生之前有明显的变化，如九寨沟地震发生时有明显的上升趋势，且该值是一个随时间、地点改变的扩散变化值，在震源地和其相邻区域内该值的峰值明显高于距离震源地较远的区域，在主发地震断裂带上，其数值也明显高于非主发断裂带上的值。

（3）温度信息熵在地震发生前有较为明显的变化，随着时间的推移，将根据地震主断裂带方向、距离主震区的距离和大气的传播方向等因素表现出特定的时延现象，该值的变化趋势为：先逐步下降，再加速上升。

（4）梯度模的最大值在地震发生前有明显偏离基准线的趋势，且地震等级越大，回到准线的时间越久。针对本书的研究区域，经实验得出，当该区域的温度场处于正常状态，此时梯度模的值即为准线特征值，约为 120。

（5）拉普拉斯算子的值在地震前有较明显的变化，经实验得出，地震发生前 3 个月左右，该特征值的最大值和最小值的差距会越来越大，并随着时间的推移，逐步的靠近，且该差值的斜率变化极为明显。

温度场扩散研究分析结果：

变异温度场扩散模型的研究中，将均值、中值、方差、正态分布拟合的期望以及正态分布拟合的方差作为特征量并进行分析，通过域值定义剔除太阳辐射及大气水汽对研究区域中这几类特征值的影响，得出以下结论：

（1）平武和松潘交界处岷山断裂带及汶川西北部有极为明显的强变异热源以及冷源出现；松潘西南部有明显的冷源出现；东昆仑山断裂带及龙门山地震带有较强的变异热源出现。

（2）平武和松潘交界处岷山断裂带以及汶川西部的变异温度场值有极为明

显的强波动出现；同时青川北部、九寨沟中部偏南、松潘西南部和都江堰南部都有一个温度场值波动较强的小区域。

（3）经与同时期研究区内地震点位相比较，变异点位绝大部分与地震发生真实位置吻合，这说明所选特征值在地震位置的确定上是有效的，同时，正态分布拟合的期望在反映变异点位的精度上较优于均值的精度，正态分布拟合出的方差也较优于离散数据的方差，而中值滤波在大区域定位时是非常有用。

预测模型分析结果：

利用本书所反演的地震温度场数据，采用 3 种不同的预测模型进行了地震预测。实验结果表明，3 种预测模型在一定程度上都有能力对地震进行预测。首先，多元线性回归预测模型随着延迟时间的增加，该模型的预测准确率也逐渐增强，即该模型对中短期地震的预测较为有效，中短期预测效果优于短期预测，但该模型考虑的因素太过于简单，导致其相关系数较低，其真实的预测效果与非线性模型相比较差；其次，基于粒子群优化的神经网络模型在预测误差上，自 0天、10 天、20 天、30 天延迟，其误差越来越小，结果表明，该模型对 30 天后的地震预测结果较好；最后，在与神经网络模型做对比的同时也验证了神经网络模型的正确性，同时选用了粒子群优化 SVM 预测模型，从该模型的预测结果来看，其预测精度优于神经网络模型的预测精度。

神经网络模型是一种可以容纳大样本的反馈性训练集的预测模型。本书运用样条插值法对 67 组数据进行插值，得到连续的每一天的温度场数据，使得该样本总数为 465 组。其中，只选择前 420 组数据作为训练集数据，所以本书的训练样本只能称为小样本。神经网络模型在对小样本进行分配权重时，往往会因为样本数量较少，而无法做到精确地分配权重，使得预测的结果不太准确。然而，SVM 预测模型却是一种在小样本的预测中，具有非常出色的预测能力的模型，该模型是将样本空间投影到高维度空间中对样本进行分析。由于本书所使用的样本较小，所以 SVM 预测模型的预测结果优于神经网络预测模型的预测结果。这是在温度场异常数据的预测下的结果，真正的地震其伴随的先兆数不胜数，需要融合大量的非同源数据，对地震的本源进行分析。

本章研究还存在如下局限性：

（1）从数据来源的角度看，本书研究的数据为 MODIS 数据，虽然卫星回访周期很高，但是其空间分辨率只有 1000m，即 1 个温度点代表 $1km^2$，这一平方公里内影响温度场精准反演的因素有很多，如：地形起伏、大气水汽、地表比辐射率等，即使对 MODIS 数据使用热红外降尺度技术，也无法消除数据源热红外分辨率低对温度场反演的影响。

（2）从特征值分析的角度看，本书为了运算简单，将温度场的空间位置全都投影到 xoy 平面上，没有考虑 z 方向的影响，因而求得的变异点会有微量误差。

真实温度值自海平面起每上升 100m 就会下降 0.6°左右，在坡度变化明显的山区，如果不考虑 z 方向的温度场梯度，将使得所求变异点存在一定误差。

（3）本书是基于多时相的地表温度场的变化研究，但是温度场的变化并非是地震区域的温度变化的充分必要条件，例如：城市热岛效应、工业热源、热污水检测等都有一些温度场异常点，只有在充分排除干扰的情况下，才能有较好的预测效果。

参 考 文 献

［1］ 数据来源于中国地震台网中心，国家地震科学数据中心（http：//data. earthquake. cn）.
       郭华东. 全球变化科学卫星［M］. 北京：科学出版社，2014.
［2］ Wang Xiaochuang, Shi Feng, Yu Lei, et al. 43 case studies of MATLAB neural network［M］.
       Beijing：Beihang University Press, 2013.
［3］ Li Zhongquan, Han Qian, Lu Jianwen, et al. Study on the structural characteristics and seis-
       mogenic faults around the earthquake-stricken area of the Jiuzhaigou earthquake, China［J］.
       Journal of Chengdu University of Technology（Science & Technology Edition），2018，45：
       650～658.
［4］ Xiaojun L, Xiaozhou X, Tao J, et al. Spatial Downscaling Research of Satellite Land Surface
       Temperature Based on Spectral Normalization Index［J］. Acta Geodaetica et Cartographica Sini-
       ca, 2017, 46：353～361.
［5］ Shuzhen Z. Meteorology and climatology［M］. Beijing：Higher Education Press, 1997.

6 遥感应用分析

遥感技术具有多种得天独厚的优点，在计算机大数据的处理能力方面，能够极其迅速的处理大量影像数据，且能及时地、有效地获取地震多发区温度场异常变化的信息。在研究遥感数据与地表参量的定量关系中，一般分为统计模型、物理模型和半经验模型。常规的遥感研究手段，主要是从地物的波谱特征入手，理想化地物的反射传播过程。但事实上，地物与电磁波的相互作用是具有明显的方向性，因此，在具体的研究中应该综合各类模型的优势，因地制宜。本书采用遥感技术构建地表温度场时间序列，并深度挖掘该序列中的有效信息，从而构建温度场特征值与灾害的响应度模型，期许达到预知地震和减少损失的目的。

通过总结与归纳国内外专家在热红外遥感与地震方面的研究思路与研究方法，本书从一种新的时序温度场特征值挖掘的角度去探索这个问题，同时引导出一种新的思路去解决复杂系统科学问题。运用本书对遥感影像挖掘的思路，能够深层次的从遥感大数据中挖掘出有用的信息，并且在对温度场特征值的分析中，实验结果表现出温度场信息熵、温度场均值和梯度模等特征值对异常现象的响应十分显著。

6.1 结论

在温度反演领域，主体以覃志豪等的劈窗算法为主，其中计算输入的大气水汽参数以多次分段函数、大气透过率自 MODIS 的 17、18、19 波段共同计算为主，实现了较高精度的地表温度反演结果；同时，在研究区内以气象站点数据作为辅助数据，保证反演温度的精度优于 1K，且在时空特征数据的挖掘中，遵循严密的数学逻辑以及物理原则，从时序统计学和热传播微分方程学两方面寻求特征表达数据。

在对青藏高原地区近 10 年的地震分布与温度场特征值的变化研究方面，本书通过分析地震频次在年份、月份、经度以及纬度上的分布状况，得出地震在空间上经纬分布差距明显，主要集中在青藏高原的西部、西北部一带的新疆边缘一带以及东部、东南部的云贵川一带，尤其是小型地震多发于青藏高原与四川盆地、云贵高原交界地带，中大型地震多居于中部和中南部的青藏高原主体山脉一带。在时间上存在一定的规律性，对于超过 5 级的中大型地震，平均每年超过 10 余次，在年际变化方面，基本上每年有 11000~12000 次地震，大约会以 4 年为一周期出现一次波峰；在月际变化方面，不同大小的地震分布范围内存在明显差异性，尤其是中大型地震频次在春末夏初以及夏末秋初的时间节点的 4 月份和 8 月份表现较为明显，这时温度场方面的表现正是系统热量交换更替较大的时间点。在时空特征值的分析中，从时间角度，分析了每个时序统计特征值的变化情况；从时空变换角度，分析了温度场扩散模型中的特征变量梯度模、拉普拉斯算子以及旋度模的聚集性。经过以上分析，证明了地震发生的聚集性与这些特征值之间是有联系的。

在对单次典型地震进行分析中，格兰杰检验分析出平武到九寨沟的虎牙断裂带与都江堰到汶川、到茂县的龙门山断裂带存在固定的因果关系，即表示在不同的延迟天数下，都保持着相同的因果关系，这是一种增加系统能量的状态，与最低系统能量法则相违背。按照能量最低原理，所有的能量都是由高处流向低处，根据热力学第二定律，能量是有方向性的，任何自发反应都遵守能量守恒且熵都变大，因为有能量差，最终才有了能量的转换和传递。在扩散模型分析中，基于逐点特征分析，得出能量差的来源点在平武和汶川，与格兰杰检验出的地区相辅相成。在最后的预测模型中，经多元线性回归模型、SVM 模型、神经网络模型的预测分析，得知本书所建立的特征值对灾害的发生都有明显的响应度。换而言之，即深度挖掘后的数据能提高特征值与灾害之间的关联度。本书的实验结果显示虎牙断裂带和龙门山断裂带的温度场变化与地震灾害都具有很大的关联响应度，四川省地震局对九寨沟地震的调查结果显示九寨沟地震是由虎牙断裂带造成的，本书实验在 1~2 月的时延结果与其极为接近，从侧面印证了本书实验的有效性。

本书研究的本质是在前人研究基础上的进一步升华，同时在研究中以严密的数学逻辑为基础，设计科学有效的实验路线，并且步步有检核，保证了数据质量。在温度数据的反演算法的验证以及优化方面，当前有很多专家做出了重要贡献，但该研究点的热度在 2005~2014 年时较高，随着新兴科学技术的升级，优化温度反演算法的前进空间并不是很大，随后几年，开展与温度反演算法的相关研究越来越少。在温度异常与地震的关联性研究中，前期的研究是：众多的专家就热红外传感器直接收集到的亮度温度值异常进行研究；中期的研究是：较多的专家利用温度反演算法获取地表温度或者直接获取地表温度产品进行研究，但此处的研究仅为温度值的异常；后期的研究是：一些专家对温度场数据进行较为深层次的统计描述，再进行相关性研究。本书主要研究手段就是从统计描述和场描述两方面深层次的挖掘和利用时序温度场数据，并在此基础上，进行相关性研究，从这一角度来讲，研究方法还是具有一定的创新性。

在预测模型的建立及数据的利用方面，为了能够保证提取特征值序列能在后续优化算法中的显著性，本书通过多元线性回归模型对数据进行了先验性的检验，保证特征值序列的数据质量，同时也验证了在时间延迟、尺度增加方面，其拟合精度也随之提高。

在对单次典型地震检验中，首先使用格兰杰因果关系检验，而格兰杰因果关系检验是点对点的检验，因此，此处使用区域的平均温度与地震关联，相当于以该区县的中心点位表示该区域的平均温度，再以中心点形成的连接网络进行格兰杰因果检验，这与后续的二阶微分扩散模型相辅相成，同时也能形成模型的对比。

6.2 可扩展性

现如今在地震预测的运用研究中，传统方式往往会耗费大量人力物力，如建立地震台网、地震监测站，预计地质应力监测等，虽然遥感技术还无法完全准确地预报预测地震的发生地点、时间和等级，但实验结果表明，遥感技术在地震预报预测中具有良好的效果。如果能将遥感技术作为一种辅助预测手段运用在当今地震预报和先兆检测中，其效果不言而喻：首先，该技术能减少大量人力物力资源耗费；其次，运用该技术可寻找一种大面积、全天候、全时候、普适性的灾害监测规律；最后，这一技术突破了传统思维，对地震的预测不只局限于引起地震的直接原因—地球内部应力和岩石结构力学等研究方向，它能够在混沌的因果循环中寻找各种表象之间的关联。

在未来的研究中，本团队希望能够在时序地表温度场的基础上加入更多的非同源数据共同研究分析，如电磁场、岩石应力、重力场以及灾害记录等，再结合夜间灯光数据，量化人类活动产生的热岛效应影响。这样不仅能消除人为因素的影响，又能增强灾害关联响应度。同时，本团队期望能够通过本书的研究，一方面可以为目前的复杂系统科学提供一种可行的解决办法，另一方面可以适用于更多的灾害预警以及发现，为我国的科学研究事业奉献绵薄之力。

参 考 文 献

[1] 郭华东. 全球变化科学卫星 [M]. 北京：科学出版社，2014.

[2] 邹其嘉. 全球变化和地球物理环境 [C]. 1992 年中国地球物理学会第八届学术年会，中国云南昆明，1992：1.

[3] Allen RG, Tasumi M, Trezza R. Satellite-Based Energy Balance for Mapping Evapotranspiration with Internalized Calibration (METRIC)—Model [J]. Journal of Irrigation Drainage Engineering, 2007, 133 (4)：380~394.

[4] 徐德军. 金属疲劳损伤过程热力学熵特征分析及寿命预测模型研究 [D]：安徽建筑大学，2018.

［5］马磊. 铁、镍及镍基合金疲劳断裂行为的原子模拟［D］. 长沙：湖南大学，2015.

［6］陈宜亨，师俊平. 微裂纹屏蔽机理的力学理论［J］. 力学进展，1998，（1）：43~57.

［7］许强. 广义系统科学理论及其工程地质应用研究［J］. 岩石力学与工程学报，1998，17（5）：607.

［8］数据来源于中国地震台网中心，国家地震科学数据中心（http：//data. earthquake. cn）.

［9］Mengmeng W. Methodology Development for Retrieving Land Surface Temperature and near Suface Air Temperature Based on Thermal Infrared Remote Sensing［D］. Beijing：University of Chinese Academy of Sciences，2017.

［10］Arnfield AJ. Two decades of urban climate research：a review of turbulence，exchanges of energy and water，and the urban heat island［J］. International Journal of Climatology，2003，23（1）：1~26.

［11］Karnieli A，Agam N，Pinker R T，et al. Use of NDVI and Land Surface Temperature for Drought Assessment：Merits and Limitations［J］. Journal of Climate，2010，23（3）：618~633.

［12］Kuenzer C，Dech S. Thermal Infrared Remote Sensing［M］. Springer Netherlands，2013.

［13］Weng Q，Lu D，Schubring J. Estimation of land surface temperature-vegetation abundance relationship for urban heat island studies［J］. Remote Sensing of Environment，2004，89（4）：467~483.

［14］Hansen J，Sato M，Reudy R，et al. Global Temperature Change［J］. Proceedings of the National Academy of Sciences of the United States，2006，103（39）：14288~14293.

［15］Wang L，Qu J J，X H. Forest fire detection using the normalized multi-band drought index（NMDI）with satellite measurements［J］. Agricultural and Forest Meteorology，2008，148：1767~1776.

［16］Zhang X，Susan Moran M，Zhao X，et al. Impact of prolonged drought on rainfall use efficiency using MODIS data across China in the early 21st century［J］. Remote Sensing of Environment，2014，150：188~197.

［17］Qin Z，Dall' Olmo G，Karnieli A，et al. Derivation of split window algorithm and its sensitivity analysis for retrieving land surface temperature from NOAA-advanced very high resolution radiometer data［J］. Journal of Geophysical Research Atmospheres，2001，106（D19）.

［18］Qin Z，Karnieli A，Berliner P. A mono-window algorithm for retrieving land surface temperature from Landsat TM data and its application to the Israel-Egypt border region［J］. International Journal of Remote Sensing，2001，22（18）：3719~3746.

［19］毛克彪. 用于 MODIS 数据的地表温度反演方法研究［D］. 南京：南京大学，2004.

［20］毛克彪. 针对热红外和微波数据的地表温度和土壤水分反演算法研究［D］：中国科学院遥感应用研究所，2007.

［21］毛克彪，覃志豪，刘伟. 用 MODIS 影像和单窗算法反演环渤海地区的地表温度［J］. 测绘与空间地理信息，2004，27（6）：23~25.

［22］毛克彪，唐华俊，周清波，等. 用辐射传输方程从 MODIS 数据中反演地表温度的方法［J］. 兰州大学学报（自然科学版），2007，43（4）：12~17.

[23] 覃志豪, Minghua Z, Karnieli A, et al. 用陆地卫星 TM6 数据演算地表温度的单窗算法 [J]. 地理学报, 2001, 56 (4): 456~466.

[24] Wu Lixin, Liu Shanjun, Yuhua W. Remote Sensing-Introduction to Rock Mechanics-Infrared Remote Sensing of Rock Stress [M]. Beijing: Science Press, 2006.

[25] TA A. Satellite thermal survey——a new tool for the study of seismoactive regions [J]. International Journal of Remote Sensing [J]. International Journal of Remote Sensing, 1996, 17 (8): 1439~1455.

[26] 强祖基, 孔令昌, 王弋平, 等. 地球放气、热红外异常与地震活动 [J]. 科学通报, 1992, 037 (24): 2259~2262.

[27] 强祖基, 徐秀登, 赁常恭. 利用卫星热红外异常作地震预报 [J]. 世界导弹与航天, 1991, (4): 9~10.

[28] 强祖基, 姚清林, 魏乐军, 等. 从震前卫星热红外图像看中国现今构造应力场特征 [J]. 地球学报, 2009, 30 (6): 873~884.

[29] Qiang Zuji, Lin Changgong, Li Lingzhi, et al. Satellite thermal infrared image brightness temperature anomaly-image——short-term and impending earthquake precursors [J]. Science in China (Series D), 1999, 42 (3): 564~574.

[30] 徐秀登, 强祖基. 1976 年唐山地震前地面增温异常 [J]. 科学通报, 1992, 37 (18): 1684~1687.

[31] 徐秀登, 强祖基, 赁常恭. 非增温背景下的热红外异常兼机制讨论 [J]. 科学通报, 1991, (11): 841~844.

[32] 徐秀登, 强祖基, 赁常恭. 临震卫星热红外异常与地面增温异常 [J]. 科学通报, 1991, (4): 291~294.

[33] 马俊飞, 李炜, 史雯. 山东省地表温度变化与地震活动关系探讨 [J]. 地震地磁观测与研究, 2017, 38 (5): 121~126.

[34] 钟美娇, 张元生, 张璇. 祁连山地震带中强地震前热红外异常研究 [J]. 地震工程学报, 2015, 37 (4): 1073~1076.

[35] 赵英时. 遥感应用分析原理与方法 [M]. 北京: 科学出版社, 2003.

[36] CiteSpace. Visualizing Patterns and Trends in Scientific Literature [OL]. http://cluster. cis. drexel. edu/~cchen/citespace/.

[37] 梅新安. 遥感导论 [M]. 北京: 高等教育出版社, 2013.

[38] Markham B L, Barker, J L. Landsat MSS and TM post-calibration dynamic ranges, exoatmospheric reflectances and at satellite temperatures [J]. EOSAT Landsat Technical Notes, 1986, (1): 3~8.

[39] Zhao Liang L, Bo Hui T, Hua W, et al. Satellite-derived land surface temperature: Current status and perspectives [J]. Remote Sensing of Environment, 2013, (131): 13~37.

[40] Zhang Z, He G, Wang M, et al. Validation of the generalized single-channel algorithm using Landsat 8 imagery and SURFRAD ground measurements [J]. Remote Sensing Letters, 2016, 7 (7~9): 810~816.

[41] Zhang Z, He G. Generation of Landsat surface temperature product for China, 2000-2010 [J].

International Journal for Remote Sensing, 2013, 34 (20): 7369~7375.

[42] Sobrino J A, Kharraz J E, Li Z L. Surface temperature and water vapour retrieval from MODIS data [J]. International Journal of Remote Sensing, 2003, 24 (24): 5161~5182.

[43] Sun Y J, Wang J F, Zhang R H, et al. Air temperature retrieval from remote sensing data based on thermodynamics [J]. Theoretical and Applied Climatology, 2005, 80 (1): 37~48.

[44] Vancutsem C, Ceccato P, Dinku T, et al. Evaluation of MODIS land surface temperature data to estimate air temperature in different ecosystems over Africa [J]. Remote Sensing of Environment, 2010, 114 (2): 449~465.

[45] Cristóbal J, Jiménez-Muñoz J, Pons X, et al. Improvements in land surface temperature retrieval from the Landsat series thermal band using water vapor and air temperature [J]. Journal of Geophysical Research Atmospheres, 2009, 114 (D08103).

[46] Jimenez Munoz J C, Cristobal J, Sobrino J A, et al. Revision of the Single-Channel Algorithm for Land Surface Temperature Retrieval From Landsat Thermal-Infrared Data [J]. IEEE Transactions on Geoscience Remote Sensing, 2009, 47 (1): 339~349.

[47] Jimenez Munoz J C, Sobrino J A. Split-Window Coefficients for Land Surface Temperature Retrieval From Low-Resolution Thermal Infrared Sensors [J]. IEEE Geoscience Remote Sensing Letters, 2008, 5 (4): 806~809.

[48] Mao K, Qin Z, Shi J, et al. A practical split-window algorithm for retrieving land-surface temperature from MODIS data [J]. International Journal of Remote Sensing, 2005, 26 (15): 3181~3204.

[49] McMillin L M. Estimation of sea surface temperatures from two infrared window measurements with different absorption [J]. Journal of Geophysical Research, 1975, 80 (36): 5113~5117.

[50] Becker, F. The impact of spectral emissivity on the measurement of land surface temperature from a satellite [J]. International Journal of Remote Sensing, 1987, 8 (10): 1509~1522.

[51] Sobrino J, Coll C, Caselles V. Atmospheric correction for land surface temperature using NOAA-11 AVHRR channels 4 and 5 [J]. Remote Sensing of Environment, 1991, 38 (1): 19~34.

[52] Sobrino J A, Li Z L, Stoll M P, et al. Improvements in the split-window technique for land surface temperature determination [J]. IEEE Transgeosciremote Sens, 1994, 32 (2): 243~253.

[53] Závody A M, Mutlow C T, Llewellyn-Jones D T. A radiative transfer model for sea surface temperature retrieval for the along-track scanning radiometer [J]. Journal of Geophysical Research Oceans, 1995, 100 (C1): 937~952.

[54] Becker F LZL. Towards a local split window method over land surfaces [J]. International Journal of Remote Sensing, 1990, 11 (3): 369~393.

[55] Li Z L, François B. Feasibility of land surface temperature and emissivity determination from AVHRR data [J]. Remote Sensing of Environment, 1993, 43 (1): 67~85.

[56] Wan Z LZL. A physics-based algorithm for retrieving land-surface emissivity and temperature from EOS/MODIS data [J]. IEEE Transactions on Geoscience & Remote Sensing, 1997, 35 (4): 980~996.

［57］ Wang M, He G, Zhang Z, et al. NDVI-based split-window algorithm for precipitable water vapour retrieval from Landsat-8 TIRS data over land area ［J］. Remote Sensing Letters, 2015, 6 (10~12)：904~913.

［58］ Wang M, Zhang Z, He G, et al. An enhanced single-channel algorithm for retrieving land surface temperature from Landsat series data ［J］. Journal of Geophysical Research Atmospheres, 2016, 121 (19)：T12~T22.

［59］ EOS. Earth Observing System, https：//eospso. nasa. gov/content/nasas-earth-observing-system-project-science-office.

［60］ Liang K. Mathematical physics ［M］. Beijing：Higher Education Press, 2010.

［61］ Dandan Y. Multivariate Time Series Classification Based on Granger Causality ［D］. Anhui：University of Science and Technology of China, 2018.

［62］ Song Dongmei, Shi Hongtao, Shan Xinjian, et al. A Tentative Test on Moderately Strong Earthquake Prediction in China Based on Thermal Anomaly Information and BP Neural Network ［J］. Seismology and Geology, 2015, 37：649~660.

［63］ Gao Y, Li Q, Wang S, et al. Adaptive neural network based on segmented particle swarm optimization for remote-sensing estimations of vegetation biomass ［J］. Remote Sensing of Environment, 2018, 211：248~260.

［64］ Hongyun S. A Combined Non-linear Model for Earthquake Magnitude-frequency Distribution Characterization ［D］. Beijing：China University of Geosciences, 2016.

［65］ 徐希孺. 遥感物理 ［M］. 北京：北京大学出版社, 2005.

［66］ Sobrino J A, Juan C. Jiménez-Muñoz. Land surface temperature retrieval from thermal infrared data：An assessment in the context of the Surface Processes and Ecosystem Changes Through Response Analysis (SPECTRA) mission ［J］. Journal of Geophysical Research Atmospheres, 2005, 110 (D16103) .

［67］ Sobrino J A, Jiménez-Muñoz J C, Sòria G, et al. Synergistic use of MERIS and AATSR as a proxy for estimating Land Surface Temperature from Sentinel-3 data ［J］. Remote Sensing of Environment, 2016, 179：149~161.

［68］ Rozenstein O, Qin Z, Derimian Y, et al. Derivation of Land Surface Temperature for Landsat-8 TIRS Using a Split Window Algorithm ［J］. Sensors, 2014, 14 (4)：5768~5780.

［69］ 解杨春. 基于 MODIS 数据探讨玉树 Ms7.1 级地震前后地表温度变化 ［D］. 中国地震局地震研究所, 2012.

［70］ Piretzidis D, Sideris M G. MAP-LAB：A MATLAB Graphical User Interface for generating maps for geodetic and oceanographic applications. Poster presented at the International Symposium on Gravity, Geoid and Height Systems 2016, Thessaloniki, Greece, 2016.

［71］ 孟凡影. 基于 MODIS 数据的地表温度反演方法 ［D］. 曲阜：东北师范大学, 2007.

［72］ Zhu X. Application information theory ［M］. Beijing：Tsinghua University Press, 2001.

［73］ Wang Chaojun, Wu Feng, Zhao Hongrui, et al. Temporal information entropy and its application in the detection of spatiotemporal changes in vegetation coverage based on remote sensing images ［J］. ACTA Ecologica Sinica, 2017, 37：7359~7367.

［74］赵蓉，李莉，项东，等. 现代通讯原理教程［M］. 北京：北京邮电大学出版社，2009.11.

［75］侯强，吴国平，黄鹰. 统计信号分析与处理［M］. 武汉：华中科技大学出版社，2009.

［76］康萌，蔡一川，黄春梅，等. 九寨沟7.0地震余震震源参数特征研究［J］. 四川地震，2018（1）：10~15.

［77］Weisberg, Sanford. Applied Linear Regression［M］. Canada：John Wiley & Sons, 2005.

［78］Wang Xiaochuang, Shi Feng, Yu Lei, et al. 43 case studies of MATLAB neural network［M］. Beijing：Beihang University Press, 2013.

［79］李素，袁志高，王聪，等. 群智能算法优化支持向量机参数综述［J］. 智能系统学报，2018，13（1）：70~84.

［80］刘次华. 随机过程及其应用［M］. 北京：高等教育出版社，2013.

［81］李忠权，韩倩，芦建文，等. 九寨沟地震发震区周边构造特征及发震断裂［J］. 成都理工大学学报（自然科学版），2018，45（6）：650~658.

［82］Zhihua Z. Machine learning［M］. Beijing：Tsinghua University Press, 2016.

［83］李小军，辛晓洲，江涛，张海龙. 卫星遥感地表温度降尺度的光谱归一化指数法［J］. 测绘学报，2017，46（3）：353~361.

［84］Shuzhen Z. Meteorology and climatology［M］. Beijing：Higher Education Press, 1997.

附录　Matlab GUI 程序实现

本书 Matlab GUI 程序设计实现中较为重要的函数方法有：

（1）grad_div 是计算扩散方程的梯度、散度、旋度的函数，其中 MM 是一个 m 行 n 列 k 层的时序温度场数据，返回值为对应的梯度、散度、旋度数据。

```
function [F,G,H] = grad_div(MM)%返回梯度,梯度的散度,梯度的旋度
[a,b,c] = size(MM);
[px,py,pz] = gradient(MM);%梯度
for i = 1:a
    for j = 1:b
        for k = 1:c
        if abs(px(i,j,k))>100
            px(i,j,k) = 0;
        end
        if abs(py(i,j,k))>100
            py(i,j,k) = 0;
        end
        if abs(pz(i,j,k))>100
            pz(i,j,k) = 0;
        end
        pxy(i,j,k) = sqrt(px(i,j,k).^2+py(i,j,k).^2+pz(i,j,k).^2);
        end
    end
end
[ppx, ~ , ~ ] = gradient(px);
[ ~ ,ppy, ~ ] = gradient(py);
[ ~ , ~ ,ppz] = gradient(pz);
% ppx = diff(px);
% ppy = diff(py);
% ppz = diff(pz);
pxy1 = ppx+ppy+ppz;
pxy2 = sqrt((ppy-ppz).^2+(ppz-ppx).^2+(ppx-ppy).^2);
F = pxyz;
G = pxyz1;
H = pxyz2;
```

　　（2）ksjx 是计算以上函数计算出的梯度，梯度的散度，梯度的旋度中，在时序数据中的统计变化函数，其输入 MM 为时序温度场数据，返回值为方差，均值和中位数的三维数据。

```
function [std,mean,median] = ksjx(MM,G)
[a,b,c] = size(MM);
Deta1 = zeros(a,b,c-1);
derta2 = 1;
ty1 = zeros(1,c);lapulas1 = zeros(1,c-1);
for i = 1:a
    for j = 1:b
        ty1(:) = MM(i,j,:);
        ut1 = diff(ty1);%偏 u 偏 t
        lapulas1(:) = G(i,j,1:end-1);
        Deta1(i,j,:) = -lapulas1 * derta2+ut1;
        DEt(:) = Deta1(i,j,:);
        if 20<nanstd(DEt) && nanstd(DEt)<33
            std(i,j) = nanstd(DEt)/5;
        else
            std(i,j) = nanstd(DEt);
        end
        mean(i,j) = nanmean(DEt);
        median(i,j) = nanmedian(DEt);
        GK = DEt;
        GK(isnan(GK) == 1) = 0;
        GK(GK == inf) = 0;
        [a1,b1] = normfit(GK);
        Ax(i,j) = a1;
        By(i,j) = b1;
        if 20<b1 && b1<33
            By(i,j) = b1/5;
        else
            By(i,j) = b1;
        end
    end
end
std = medfilt2(std,[5,5]);          %方差
mean = medfilt2(mean,[5,5]);         %均值
median = medfilt2(median,[5,5]);     %中位数
```

```
Ax = medfilt2( Ax,[5,5]);              %正态分布期望
By = medfilt2( By,[5,5]);              %正态分布方差
```

（3）Wds 为时序特征统计值的计算函数，aa 为单期温度场矩阵，返回值为温度场信息熵。

```
function [ av1,av2] = wds( aa)
mx = max( max( aa));
mi = min( min( aa));
a = floor((( aa-mi)./( mx-mi)) * 255);
a = double( a);
m = length( aa);
L = 256;
hh = zeros( 1,256);
for k = 1:L
    for i = 1:m
        if k-1 = = a( i)
            hh( 1,k) = hh( 1,k)+1;
        else
            hh( 1,k) = hh( 1,k);
        end
    end
end
hh1 = hh';
hh = hh1/m;%%每一个像素的分布概率

av1 = 0;
for i = 1:L
    q = -hh( i) * log( hh( i)+0.000000001);
    av1 = av1+q;
end
av2 = 0;
for i = 1:L
    q = -(( i/255) * ( mx-mi)+mi) * hh( i) * log( hh( i)+0.000000001);
    av2 = av2+q;
end
end
```

（4）batch_wj 为批量读取根目录 pt 中的 suf 类型文件，pt 代表根目录字符串，如：'C:/'，suf 代表文件类型，如'*.tif'，'*.txt'等。

```
function [ h,N] = batch_wj( pt,suf)
```

```
dd=dir([pt suf]);%dd=dir([pt '\' suf]);
h=length(dd);
for i=1:h
    nm=[pt dd(i).name];
    m=dlmread(nm,'',6,0);
    M=m;
    M(M<0)=0;
    N(:,:,i)=M;
    m=[];
end
```